T0194492

essentials

essentials liefern aktuelles Wissen in konzentrierter Form. Die Essenz dessen, worauf es als „State-of-the-Art" in der gegenwärtigen Fachdiskussion oder in der Praxis ankommt. *essentials* informieren schnell, unkompliziert und verständlich

- als Einführung in ein aktuelles Thema aus Ihrem Fachgebiet
- als Einstieg in ein für Sie noch unbekanntes Themenfeld
- als Einblick, um zum Thema mitreden zu können

Die Bücher in elektronischer und gedruckter Form bringen das Fachwissen von Springerautorinnen kompakt zur Darstellung. Sie sind besonders für die Nutzung als eBook auf Tablet-PCs, eBook-Readern und Smartphones geeignet. *essentials* sind Wissensbausteine aus den Wirtschafts-, Sozial- und Geisteswissenschaften, aus Technik und Naturwissenschaften sowie aus Medizin, Psychologie und Gesundheitsberufen. Von renommierten Autorinnen aller Springer-Verlagsmarken.

Lars Schnieder

Schutz Kritischer Infrastrukturen im Verkehr

Security Engineering als ganzheitlicher Ansatz

4. Auflage

 Springer Vieweg

Lars Schnieder
ESE Engineering und
Software-Entwicklung GmbH
Braunschweig, Deutschland

ISSN 2197-6708   ISSN 2197-6716   (electronic)
essentials
ISBN 978-3-662-67266-2   ISBN 978-3-662-67267-9   (eBook)
https://doi.org/10.1007/978-3-662-67267-9

Die Deutsche Nationalbibliothek verzeichnet diese Publikation in der Deutschen Nationalbiblio-
grafie; detaillierte bibliografische Daten sind im Internet über http://dnb.d-nb.de abrufbar.

Planung/Lektorat: Alexander Grün
Springer Vieweg ist ein Imprint der eingetragenen Gesellschaft Springer-Verlag GmbH, DE und ist
ein Teil von Springer Nature.
Die Anschrift der Gesellschaft ist: Heidelberger Platz 3, 14197 Berlin, Germany

Was Sie in diesem *essential* finden können

- Begriffsdefinition im Zusammenhang mit Kritischen Verkehrsinfrastrukturen
- Eine Darstellung des institutionellen Rahmens der Absicherung des Schutzes Kritischer Verkehrsinfrastrukturen gegen unberechtigte Zugriffe Dritter
- Eine Motivation für Hersteller und Betreiber zum Schutz Kritischer Verkehrsinfrastrukturen aus dem nationalen und europäischen Rechtsrahmen heraus
- Eine Darstellung technischer und organisatorischer Maßnahmen sowie Maßnahmen des physischen Zugriffsschutzes

Vorwort

Ein Leben ohne Smartphone und Tablet ist für viele von uns kaum noch vorstellbar.

„Always on" – uneingeschränkte Konnektivität gehört mittlerweile zu den Grundbedürfnissen unserer Gesellschaft. Es gibt kaum noch einen Bereich unseres Lebens, der nicht von informationstechnischen Systemen abhängig ist. Dies gilt auch für städtische und großräumige Verkehrsinfrastrukturen. Technologietrends und neue Bedrohungsszenarien verstärken für Hersteller und Betreiber von Verkehrsinfrastrukturen die Notwendigkeit, sich den Herausforderungen des Schutzes gegen unberechtigten Zugriff Dritter systematisch zu widmen. Bedrohungen aus dem Internet dürfen die für die Lebensfähigkeit unserer Gesellschaft und Wirtschaft essenzielle Software in den Systemen der Verkehrssteuerung nicht manipulieren.

Sowohl auf europäischer Ebene als auch im nationalen Recht wurden in den letzten Jahren erweiterte Vorgaben für Kritische Verkehrsinfrastrukturen eingeführt und seitdem immer wieder aktualisiert. Der Gesetzgeber verpflichtet Betreiber Kritischer Verkehrsinfrastrukturen, angemessene technische, physische und organisatorische Vorkehrungen zur Absicherung der Funktionsfähigkeit der von ihnen betriebenen Kritischen Verkehrsinfrastrukturen zu treffen. Erklärtes Ziel ist es hierbei, Störungen der Verfügbarkeit, Integrität, Authentizität und Vertraulichkeit der in Verkehrssystemen eingesetzten informationstechnischen Systeme, Komponenten oder Prozesse zu vermeiden.

Dieses *essential* skizziert den Rechtsrahmen des Schutzes Kritischer Verkehrsinfrastrukturen und zeigt auf, welche Verkehrsanlagen einer besonderen Absicherung gegen Angriffe von außen bedürfen. Des Weiteren wird in diesem *essential* der umfassende nationale und europäische institutionelle Rahmen zur Absicherung von Verkehrsinfrastrukturen dargestellt. Abschließend wird ein ganzheitlicher Rahmen von Schutzkonzepten aufgezeigt, der neben organisatorischen und technischen Schutzmaßnahmen auch Maßnahmen des physischen Zugriffsschutzes umfasst. Die vorliegende vierte Auflage dieses *essentials* stellt eine Aktualisierung hinsichtlich des mittlerweile fortgeschriebenen nationalen und europäischen Rechtsrahmens dar.

Braunschweig   Prof. Dr.-Ing. habil. Lars Schnieder

Inhaltsverzeichnis

Grundlegende Begriffe

1

Dieses einführende Kapitel führt in die grundlegenden Begriffe im Zusammenhang mit Kritischen Verkehrsinfrastrukturen ein. Anschließend werden die Zielstellungen erörtert, die für den Schutz Kritischer Verkehrsinfrastrukturen gelten.

1.1 Infrastrukturen

Als Infrastruktur bezeichnet man alle Anlagen, Institutionen, Strukturen, Systeme und nicht-materiellen Gegebenheiten, die der Daseinsvorsorge und der Wirtschaftsstruktur eines Staates oder seiner Regionen dienen. Beispiele hierfür sind die Versorgung unserer Gesellschaft mit Dienstleistungen wie Energie, Informationstechnik und Telekommunikation, Transport und Verkehr, Gesundheit, Wassser, Ernährung, Finanz- und Versicherungswesen sowie Siedlungsabfallentsorgung. Der Ausfall oder die Beeinträchtigung dieser Infrastrukturen, bzw. der mittels dieser zur Verfügung gestellter Dienstleistungen würde zu nachhaltig wirkenden Versorgungsengpässen, erheblichen Störungen der öffentlichen Sicherheit oder anderen dramatischen gesellschaftlichen Folgen führen. Diese Infrastrukturen sind daher wirksam gegen unberechtigte Zugriffe Dritter zu schützen.

1.2 Verkehrsinfrastrukturen

Ein funktionsfähiges und leistungsfähiges Transport- und Verkehrssystem ist eine Grundvoraussetzung für eine moderne arbeitsteilige Volkswirtschaft, die auf die Mobilität von Gütern und Personen angewiesen ist. Die Globalisierung

© Der/die Autor(en), exklusiv lizenziert an Springer-Verlag GmbH, DE, ein Teil von Springer Nature 2023
L. Schnieder, *Schutz Kritischer Infrastrukturen im Verkehr,* essentials, https://doi.org/10.1007/978-3-662-67267-9_1

von Produktion und Absatz von Gütern sowie die Entwicklung im internationalen Personenverkehr haben in den vergangenen Jahren einen rasanten Zuwachs erfahren. Hierdurch hat sich die Verkehrsinfrastruktur zu einem zentralen Faktor für die Versorgung von Staat und Gesellschaft mit Gütern und Dienstleistungen entwickelt. Diese Bedeutung lässt sich unmittelbar aus den Beförderungszahlen (4,1 Mrd. t Güter und über 70 Mrd. Personen im Jahr 2014) und mittelbar aus der engen Abhängigkeit anderer Sektoren (beispielsweise Energieversorgung und Ernährung) vom Transportsektor ableiten.

1.2.1 Städtische Verkehrsinfrastrukturen

Eine Stadt hat ein Netz verschiedener Verkehrsinfrastrukturen. Jeden Tag treffen die Bewohner Modalwahlentscheidungen und wählen die für ihren jeweiligen Mobilitätszweck beste Mobilitätsoption. Hierbei tritt – insbesondere in großen Ballungszentren – zunehmend ein multimodales Verkehrsmittelwahlverhalten zu Tage. In diesem Sinne wird aus verkehrsplanerischer Sicht die Gestaltung verkehrssystemübergreifender Verbindungen zunehmend wichtig. Im Kontext einer Stadt sind hierbei die Verkehrsinfrastrukturen verschiedener Verkehrsträger zu betrachten

- Besonders zu schützende *Infrastrukturen des Öffentlichen Personennahverkehrs (ÖPNV)* sind die Betriebsanlagen von Straßenbahnen und Omnibussen (§ 4 Abs. 1–3 PBefG). Diese umfassen das Schienennetz, Zugsicherungs- und Beeinflussungsanlagen, die Fahrstromversorgung und die Haltestellen. Über die zuvor genannten Betriebsanlagen hinaus sind auch Leitzentralen des ÖPNV besonders gegen Angriffe von außen abzusichern. Diese dienen der betreiberseitigen Überwachung und Steuerung des Verkehrs einschließlich der Flottentelematik (sogenannte Intermodal Transport Control Systeme, ITCS).
- Bei den Anlagen des *städtischen Straßenverkehrs* müssen Absicherungsmaßnahmen für Verkehrssteuerungs- und Leitsysteme getroffen werden. Diese Anlagen dienen der Steuerung und Überwachung der verkehrstechnischen Infrastruktur wie Lichtsignalanlagen, Verkehrsbeeinflussungsanlagen sowie Verkehrswarn- und –informationssysteme (Krimmling 2017).

1.2.2 Überregionale Verkehrsinfrastrukturen

Städte erfüllen wesentliche Daseinsfunktionen und haben als zentrale Orte eine überregionale Ausstrahlung. Städte sind über kontinentale, großräumige und überregionale Verkehrsverbindungen mit anderen benachbarten zentralen Orten (Metropolregionen und Oberzentren) verbunden. Über diese Kontaktstellen wie Auf- und Abfahrten zu und von Bundesfernstraßen, bzw. Personenbahnhöfe und Netze des Schienenpersonenfernverkehrs fließen überregionale Verkehre in die Stadt hinein und hinaus. Damit eine Stadt auch im Krisenfall „lebensfähig" bleibt, müssen hier die Kontaktstellen zu überregionalen Verkehrsinfrastrukturen mit betrachtet werden.

- Im Falle von *Bundesfernstraßen* (Bundesstraßen und Autobahnen) sind die Systeme zur Verkehrsbeeinflussung im Straßenverkehr einschließlich Verkehrszeichen, Einrichtungen zur Erhebung von Maut und zur Kontrolle der Einhaltung der Mautpflicht schützenswerte Anlagen. Darüber hinaus sind Nebenanlagen, die der Wahrnehmung der Aufgaben der Straßenbauverwaltung des Bundes dienen, der Betriebstechnik (zum Beispiel Tunnelzentralen) sowie der Telekommunikationsnetze zu berücksichtigen.
- Im Falle von *Eisenbahnen des Fernverkehrs* sind Personenbahnhöfe, das Schienennetz und die Stellwerke der Eisen bahn schützenswerte Anlagen. Darüber hinaus sind die Verkehrssteuerungs- und Leitsysteme der Eisenbahninfrastruktur- und Eisenbahnverkehrsunternehmen zu schützen. Eisenbahninfrastrukturunternehmen disponieren aus ihren Leitstellen vorausschauend den Schienenverkehr – insbesondere im Falle unerwartet eintretender Ereignisse im Schienennetz. Eisenbahnverkehrsunternehmen überwachen aus ihren Leitstellen aus den betrieblichen Ist-Zustand und leiten bei Verspätungen und Störungsfällen Maßnahmen ein, indem sie gezielt unternehmenseigene Züge auf dem Netz disponieren.

1.2.3 Vernetzung der Verkehrsinfrastruktur mit anderen Sektoren

Über die Rolle im städtischen und überregionalen Verkehr hinaus ist der Transportsektor eng mit den anderen Sektoren vernetzt. Insofern wirken sich Störungen in zweierlei Hinsicht aus:

- *Störungen oder Ausfälle im Transportwesen wirken sich auf nahezu alle anderen Lebensbereiche aus.* Die Wirtschaft ist durch Verzögerungen bei der Produktion und der Auslieferung von Waren sowie der Verfügbarkeit von Personal innerhalb kurzer Zeit in hohem Maße betroffen. Ebenso beeinträchtigen länger anhaltende Störungen auch die Verwaltung und das gesellschaftliche Leben nachhaltig. Die Folgen einer Störung Kritischer Verkehrsinfrastrukturen wären eine unzureichende Versorgung mit lebenswichtigen Gütern, negative Auswirkungen auf das Rettungs- und Gesundheitswesen sowie unter anderem eine fehlende Mobilitätim Arbeits- und Freizeitbereich.
- *Störungen und Ausfälle in anderen Sektoren wirken sich auch auf den Transportsektor aus.* Ein Beispiel hierfür ist die Bereitstellung der für die Beförderung von Personen und Gütern erforderlichen Energie. Darüber hinaus nimmt – getrieben durch die fortschreitende Digitalisierung des Verkehrs – auch die Informationund Kommunikationstechnologie (IKT) mittlerweile einen großen Stellenwert ein. Ihr Versagen macht auch die Erbringung kritischer Dienstleistungen des Verkehrs unmöglich.

Der Sektor Transport und Verkehr umfasst den Personen- und Güterverkehr auf Straße und Schiene, in der Luft und in der Binnen- und Seeschifffahrt sowie die Branche Logistik. In diesem *essential* liegt der Schwerpunkt auf den landgebundenen Transportmoden.

1.3   Kritizität einer Verkehrsinfrastruktur

Die Definition dessen, was „kritisch" ist wird über Schwellwerte näher definiert. Welche Maßstäbe und Kriterien für die konkrete Bemessung von Schwellenwerten anzulegen sind, folgt aus dem Gesetz (hohe Bedeutung für das Funktionieren des Gemeinwesens und erhebliche Versorgungsengpässe). Konkret operationalisiert wird dieser unscharfe Rechtsbegriff durch einen zugrunde gelegten Bemessungswert einer Referenzpopulation von 500.000 Personen. Das bedeutet, dass seine Verkehrsinfrastruktur genau dann als kritisch anzusehen ist, wenn mindestens 500.000 Personen von ihrem Ausfall betroffen sind. Der aktuellen deutschen Rechtsverordnung nach sind besonders schützenswerte Anlagenkategorien im Eisenbahnsystem die Personen-, Güter und Zugbildungsbahnhöfe, Schienennetze und Stellwerke sowie Verkehrssteuerungs- und Leitsysteme. Im Straßenverkehr sind dies Anlagen zur Verkehrssteuerung wie beispielsweise Verkehrsmanagementzentralen der Straßenbaulastträger (Sandrock und Riegelhuth 2014).

1.4   Schutzziele Kritischer Verkehrsinfrastrukturen

Schutzziele bezeichnen den Zustand der IT-Systeme zur Verkehrssteuerung, der bei einem IT-sicherheitsrelevanten Ereignis erhalten bleiben soll. Es werden vier verschiedene Schutzziele unterschieden:

- *Verfügbarkeit:* Wahrscheinlichkeit, dass die Kritische Verkehrsinfrastruktur die an sie gestellten Anforderungen zu einem bestimmten Zeitpunkt, bzw. innerhalb des vereinbarten Zeitraums erfüllt.
- *Integrität:* Eigenschaft der Korrektheit (Unversehrtheit) von Daten und der korrekten Funktionsweise von Kritischen Verkehrsinfrastrukturen. Wird dieses Schutzziel bei sicherheitsrelevanten Steuerungssystemen verletzt, kann dies zu ernsthaften Sach- und Personenschäden führen.
- *Authentizität:* Eigenschaft, die gewährleistet, dass ein Kommunikationspartner tatsächlich derjenige ist, der er vorgibt zu sein. Bei authentischen Informationen ist sichergestellt, dass sie tatsächlich von der angegebenen Stelle erstellt wurden.
- *Vertraulichkeit:* Eigenschaft einer Information, nur für einen beschränkten Empfängerkreis vorgesehen zu sein. Weitergabe und Veröffentlichung dieser Information sind nicht erwünscht.

Darüber hinaus müssen Betreiber Kritischer Verkehrsinfrastrukturen dem Bundesamt für Sicherheit in der Informationstechnik (BSI) IT-Sicherheitsvorfälle melden. Gleichzeitig werden die Hersteller von Hard- und Software zur Mitwirkung bei der Beseitigung erkannter Sicherheitslücken verpflichtet. Außerdem wird der Aufgabenbereich des Bundesamtes für Sicherheit in der Informationstechnik (BSI) durch das IT-Sicherheitsgesetz erweitert.

1.5   Technische Ressourcen Kritischer Verkehrsinfrastrukturen

Für die reibungslose Durchführung der Betriebsprozesse in Verkehrsinfrastrukturen sind umfassende Prozessdaten zu verarbeiten. Die gezielte Beobachtung, Steuerung, Regelung (einschließlich der Diagnose), Überwachung, Optimierung, Visualisierung und Protokollierung technischer Prozesse mit Computern erfordert geeignete technische Ressourcen. Hierbei wird zwischen Operational Technology (OT) und Informationstechnologie (IT) unterschieden. Diese beiden Begriffe werden nachfolgend definiert.

1.5.1 Operational Technology (OT)

Operational Technology (OT) umfasst Hard- und Software für die direkte Überwachung und/oder Steuerung von Betriebsprozessen in Verkehrsinfrastrukturen.
Der Begriff hat sich etabliert, um die technologischen und funktionalen Unter-
schiede zwischen traditionellen Systemen der Informationstechnologie (IT) und
der für die operative Steuerung von Betriebsprozessen in Verkehrsinfrastrukturen
erforderlichen Systemen (OT) zu verdeutlichen.

Der Begriff OT beschreibt in der Regel speziell auf die Steuerungsaufgabe
zugeschnittene Systemumgebungen. Beispiele umfassen beispielsweise spezielle
Überwachungs- und Datenerfassungssysteme in Verkehrsanlagen (Supervisory
Control and Data Acquisition, SCADA), Fernwirktechnik zur Fernsteuerung von
Verkehrsanlagen (Remote Terminal Unit) oder speicherprogrammierbare Steue-
rungen (Programmable Logical Controller, PLC), welche sicherheitsgerichtet
Eingangsgrößen zu Ausgangsgrößen verknüpfen.

OT-Systeme grenzen sich von der klassischen Informationstechnologie wie
folgt ab:

- **Eingesetzte Technologie:** OT-Systeme verwenden verschiedene Technologien
  für Hardware-Design und Kommunikationsprotokolle, die in der Informationstechnologie unbekannt sind. Zu den häufigen Problemen gehören die
  Unterstützung von Altsystemen und -geräten sowie zahlreiche proprietäre Her-
  stellerarchitekturen und -standards.
- **Zuverlässigkeitsanforderungen:** Da OT-Systeme häufig sicherheitsrelevante
  Betriebsprozesse in Verkehrssystemen überwachen, muss die Verfügbarkeit die
  meiste Zeit aufrechterhalten werden. Dies bedeutet häufig, dass eine Echtzeit-
  (oder echtzeitnahe) Verarbeitung mit hoher Zuverlässigkeit und Verfügbarkeit
  erforderlich ist.

1.5.2 Informationstechnology (IT)

Informationstechnologie (IT) umfasst im engeren Sinne alle technischen Ressour-
cen, die der Generierung, Speicherung, Archivierung und Verwendung digitaler
Informationen dienen. Im weiteren Sinne gehört auch die Übertragung der Infor-
mationen mittels Kommunikationstechnologie dazu. Netzwerke sorgen neben der
Bereitstellung verschiedener Funktionen auch dafür, dass bestimmte Hard- und
Software oder ganze Systeme zum Zweck des Datenaustausches über einen

zentralen Computer (Server) auf die gleichen Daten zugreifen können. Die Verarbeitung von Daten und Informationen ist besonders schützenswert. Unter IT-Sicherheit werden daher Maßnahmen verstanden, welche diese Systeme vor dem unbefugten Zugriff Dritter schützen. Bei den Maßnahmen handelt es sich im Wesentlichen um Datensicherung, Verschlüsselungen, Zugriffskontrollen und das Einrichten eingeschränkter Nutzerkonten. Zusätzlich sorgen Firewalls – als dedizierte Hardware– oder Softwarekomponente – dafür, dass der Datenverkehr in einer Organisation geschützt wird. Gemäß individuell vordefinierter Firewall-Regeln wird festgelegt, welche Datenpakete durchgelassen und welche blockiert werden.

Grundlegende Modellkonzepte

2

Dieses Kapitel führt in grundlegende Modellkonzepte ein, welche für das Verständnis des Schutzes Kritischer Verkehrsinfrastrukturen elementar sind. Modelle sind vereinfachte Abbilder der Wirklichkeit. Durch diese Vereinfachung konzentrieren Modelle den Blick auf die jeweils wesentlichen Aspekte. Hierdurch werden bestimmte Eigenschaften hervorgehoben. In Bezug auf den Gegenstandsbereich dieses *essentials* ist ein interessierender Aspekt der nachfolgend diskutierten Modelle insbesondere das Verhalten eines Angreifers. Außerdem bestehen Modelle, welche die grundsätzliche Ausprägung von Barrieren zum Schutz Kritischer Verkehrsinfrastrukturen charakterisieren. Weitere Modelle beschreiben die Konstituenten des Risikos, auf welche im Sinne einer bewussten risikoorientierten Systemgestaltung Einfluss genommen werden kann. Modelle fördern zum einen das Verständnis und vereinfachen zum anderen die Kommunikation über komplexe Sachverhalte.

2.1 Barrierenmodell

In der sicherheitsgerechten Entwicklung technischer Systeme haben sich seit längerem Barrierenmodelle etabliert. Diese Modelle helfen, die Unfallentstehung zu erklären, da hierfür oft keine monokausalen Zusammenhänge bestehen, sondern fast immer mehrere Faktoren zur Unfallentstehung beitragen. Beispielhafte Modelle hierfür umfassen das bereits in den 30'er Jahren des 20. Jahrhunderts von Heinrich konzipierte Domino Modell (Heinrich 1931). Im weiteren Verlauf wurde diese Modellvorstellung wiederholt aufgegriffen. Ein prominentes Beispiel ist das Barrierenmodell des britischen Psychologen James Reason (1990), welches aus

L. Schnieder, *Schutz Kritischer Infrastrukturen im Verkehr*, essentials, https://doi.org/10.1007/978-3-662-67267-9_2

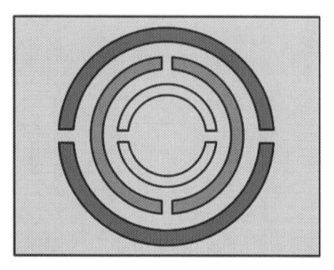

Abb. 2.1 Barrierenmodell zum Schutz Kritischer Infrastrukturen (Defence in Depth)

ingenieurpsychologischer Sicht auch die Beiträge des Menschen zur Unfallentstehung beschreibt. Barrierenmodelle helfen, die potenziellen Angriffspunkte und
die Wirksamkeit möglicher Schutzmaßnahmen zu betrachten.

Auch für den Schutz Kritischer Infrastrukturen kommen Barrierenmodelle
zum Einsatz. Der Ansatz der sogenannten tiefgestaffelten Verteidigung (englisch: Defence in Depth) sieht die Anordnung mehrerer hintereinander liegender
Barrieren vor (vgl. hierzu Abb. 2.1). Aus diesen Barrierenmodellen können die
folgenden Schlussfolgerungen gezogen werden:

- *Mehrzahl an Barrieren:* Eine Barriere alleine ist nicht ausreichend. Die
  Wahrscheinlichkeit eines erfolgreichen Angriffs auf eine Kritische Verkehrsin-
  frastruktur kann gesenkt werden, wenn mehrere Barrieren vorgesehen werden.
- *Heterogenität der Barrieren:* Der Schutz ist wirksamer, wenn mehrere grund-
  sätzlich unterschiedliche Arten von Schutzmechanismen vorgesehen werden.
  Deshalb kommt für den Schutz Kritischer Verkehrsinfrastrukturen in der
  Regel eine sinnvolle Kombination technischer Schutzmaßnahmen, organisati-
  onsbezogener Schutzmaßnahmen zusammen mit Maßnahmen des physischen
  Zugriffsschutzes zum Einsatz.

- *Unabhängigkeit der Barrieren:* Um ihre volle Wirksamkeit zu entfalten, müssen die Schutzmechanismen voneinander unabhängig sein. Diese Anforderung wird ansatzweise schon durch die zuvor dargestellte Heterogenität unterstützt, geht jedoch über diese hinaus.

2.2 Angreifermodell

Aus einer Kenntnis des voraussichtlichen Verhaltens eines Angreifers heraus können wirksame Maßnahmen zur Verringerung der Eintrittswahrscheinlichkeit, bzw. Auswirkung möglicher Angriffe getroffen werden. Eines von mehreren bekannten Angreifermodellen ist das ATT&CK Framework der MITRE Corporation oder das nachfolgend in seinen Grundzügen dargestellte Konzept der Angriffskette des US-amerikanischen Rüstungskonzerns Lockheed Martin Corporation (Cyber Kill Chain®). Gemäß des Modells der Angriffskette geht ein Angreifer bei seiner Attacke in sieben aufeinander aufbauenden Schritten vor (vgl. Abb. 2.2):

- *Auskundschaftung (englisch: reconnaissance):* In diesem Schritte werden E-Mailadressen und weitere Informationen über das Ziel des Angriffs beschafft. Aufklärung besteht aus Techniken, bei denen der Gegner aktiv oder passiv Informationen sammelt, die zur Unterstützung von Angriffen verwendet werden können. Solche Informationen können Details über die Organisation, die

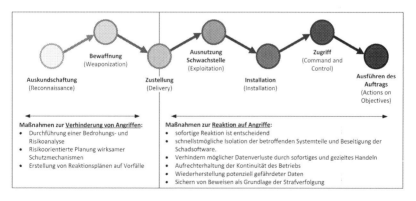

Abb. 2.2 Angreifermodell (Cyber Kill Chain®)

Infrastruktur oder das Personal des Opfers enthalten. Diese Informationen können vom Angreifer genutzt werden, um andere Phasen des Angriffs zu unterstützen wie beispielsweise die Verwendung der gesammelten Informationen zur Planung und Ausführung des Erstzugriffs oder zur Festlegung und Priorisierung von Zielen nach der Kompromittierung des Zielsystems.

- *Bewaffnung (englisch: weaponization):* Ressourcenentwicklung besteht aus Techniken, bei denen Angreifer Ressourcen erstellen, kaufen oder kompromittieren/stehlen, die zur Unterstützung von Angriffen verwendet werden können. Zu solchen Ressourcen gehören Infrastruktur, Konten oder Fähigkeiten. Die Konzeption des Angriffs berücksichtigt bestehende Sicherheitslücken.
- *Zustellung schädlicher Inhalte (englisch: delivery):* Schädliche Inhalte werden über E-Mail, Internet oder USB-Schnittstellen übermittelt.
- *Ausnutzung von Schwachstellen (englisch: exploitation):* Der Zugriff erfolgt über die Identifikation und die Nutzung von Schwachstellen.
- *Installation (englisch:installation):* Schädliche Inhalte werden auf das Zielsystem aufgespielt.
- *Zugriff (englisch: command and control):* Aufbau einer Fernsteuerung zu gewählten Zielen und Geräten. Angreifer versuchen hierbei in der Regel, den normalen, erwarteten Datenverkehr zu imitieren, um eine Entdeckung zu vermeiden.
- *Ausführen des Auftrags (englisch: actions on objectives):* Umsetzung der gesetzten Ziele durch Vollzugriff auf Geräte. Hierbei setzen die Angreifer Techniken ein, um die Verfügbarkeit zu stören oder die Integrität zu gefährden. Ein Beispiel hierfür ist die Manipulation der Geschäfts- und Betriebsprozesse sowie die Zerstörung oder Manipulation von Daten.

Aus den Angreifermodellen kann für den Schutz Kritischer Verkehrsinfrastrukturen die Schlussfolgerung gezogen werden, dass unterschiedliche Schutzmaßnahmen zu unterschiedlichen Zeitpunkten der Angriffskette angreifen. Insofern wird unterschieden in präventiv wirkende Maßnahmen im Vorfeld möglicher Angriffe und reaktive Maßnahmen nach erkannten Angriffen.

- *Maßnahmen zur Prävention von Angriffen:* Hierfür werden in einer Bedrohungsanalyse technische Schwachstellen der Kritischen Verkehrsinfrastruktur bewertet und hierauf aufbauend effektive Maßnahmen zum Schutz gegen unberechtigte Zugriffe Dritter geplant und umgesetzt. Des Weiteren werden vorausschauend auch bereits Vorfallreaktionspläne (englisch: incident response plans) erstellt, um im Bedarfsfall zügig und angemessen reagieren zu können.

- *Maßnahmen zur Reaktion auf Angriffe:* Entscheidend bei einem Angriff auf eine Kritische Verkehrsinfrastruktur ist eine effiziente und unmittelbare Reaktion. Hierbei geht es zunächst um die möglichst kurzfristige Beseitigung oder Isolation der infizierten Software. Durch ein unverzügliches und zielgerichtetes Handeln kann ein möglicher Datenverlust verhindert werden und die Kontinuität des Betriebs der Kritischen Verkehrsinfrastruktur aufrechterhalten werden. Gegebenenfalls sind möglicherweise kompromittierte Daten wiederherzustellen und Beweise zu sichern.

2.3 Risikomodell

Aus unberechtigten Zugriffen Dritter auf Kritische Verkehrsinfrastrukturen entstehen Risiken. Risikomodelle bieten einen Erklärungsansatz, welche Faktoren zu Risiken beitragen. Ein beispielhaftes Risikomodell ist in Abb. 2.3 dargestellt (CYRail 2018). Ausgangspunkt des Risikomodells ist der Angreifer. Wie in Abb. 2.3 deutlich wird, benötigt der Angreifer für seine Aktivitäten *Ressourcen* (Finanzausstattung und technische Mittel). Darüber hinaus benötigt der Angreifer für den Erfolg seiner Aktivitäten *Fähigkeiten* wie beispielsweise Wissen. Des Weiteren ist der Angreifer gekennzeichnet durch seine *Motivation* für den Angriff, da diese beschreibt, wie hartnäckig der Angreifer sein Ziel des erfolgreichen Zugriffs auf die Kritische Verkehrsinfrastruktur betreibt. Die drei Elemente Ressourcen, Fähigkeiten und Motivation zusammen kennzeichnen die Stärke des Angreifers. Je größer die Stärke des Angreifers, desto häufiger wird es zu einem Angriff kommen. Bei der Betrachtung der Motivation des Angreifers fällt auf, dass diese mit dem Kontext in Beziehung steht. Der Kontext bezeichnet hierbei zum einen geografische aber auch politische Zusammenhänge. So kann es sich beispielsweise bei Angriffen auf Kritische Verkehrsinfrastrukturen nicht nur um Aktivitäten einzelner Individuen handeln. Möglicherweise steht hinter einem Angriff auch eine staatlich gelenkte feindliche Aktivität. In Abhängigkeit der verfolgten Zielstellung des Angriffs wird auch das Angriffsziel identifiziert. Das Angriffsziel bezeichnet hierbei eine gegebene Örtlichkeit der Kritischen Verkehrsinfrastruktur, bzw. spezifischer schon konkret identifizierter Anlagenbestandteile, welche im Zuge des Angriffs beeinflusst werden sollen. Basierend auf dem identifizierten Angriffsziel bestimmt sich die Art des Angriffs, bzw. die für den Angriff auszunutzende Schwachstelle im System. Die Kombination aus der Stärke des Angreifers und der betrachteten Schwachstelle bestimmt die Häufigkeit eines erfolgreichen Zugriffs unbefugter Dritter auf die Kritische Verkehrsinfrastruktur,

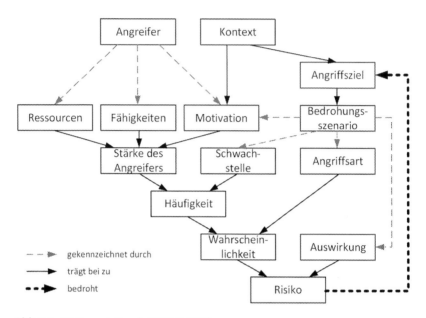

Abb. 2.3 Risikomodell nach (CYRail 2018)

was sich in der Folge auf die Wahrscheinlichkeit des erfolgreichen Angriffs aus-
wirkt. Das Risiko resultiert aus der Kombination der Wahrscheinlichkeit mit der
Auswirkung (beispielsweise finanzieller Schaden, Verlust der Reputation oder gar
Personenschäden).

Aus den Risikomodellen können für den Schutz Kritischer Verkehrsinfrastrukturen die folgenden Schlussfolgerungen gezogen werden:

- *Risikoorientierte Systemgestaltung:* Bei der Gestaltung Kritischer Verkehrsinfrastrukturen stellt sich – auch vor dem Hintergrund der rechtlichen Anforderungen – immer auch die Frage, welcher Umfang an Schutzmaßnahmen
  erforderlich und angemessen ist. Hier helfen Vorgaben akzeptierter Risiken
  bei der Umsetzung eines angemessenen Schutzniveaus.
- *Dynamische Bedrohungslage:* Hinsichtlich der Security stellt sich die Bedrohungslage dynamisch dar. Die technischen Möglichkeiten der Angreifer
  entwickeln sich kontinuierlich weiter. Damit verändert sich über die Zeit durch
  die Verfügbarkeit weiterer Ressourcen oder das Entstehen neuer Fähigkeiten
  die Stärke des Angreifers. Entsprechend entsteht unter Umständen die Notwendigkeit, Schutzmaßnahmen im Betrieb an eine geänderte Bedrohungslage

anzupassen. Der Austausch bestimmter Teile des Gesamtsystems erfordert allerdings stets eine erneute Überprüfung und Abnahme des Systems hinsichtlich der Safety-Eigenschaften, wenn keine Rückwirkungsfreiheit garantiert wird (Kühne und Seider 2018).

Rechtlicher und institutioneller Rahmen Kritischer Verkehrsinfrastrukturen

Dieses Kapitel stellt den geltenden europäischen Rechtsrahmen des Schutzes Kritischer Verkehrsinfrastrukturen dar. In diesen übergeordneten Kontext ordnen sich die nationalen Vorgaben zum Schutz Kritischer Verkehrsinfrastrukturen in der Bundesrepublik Deutschland ein. Normen nehmen in unserer Rechtsordnung eine wesentliche Rolle ein. Als außerstaatliche Regelsetzung konkretisieren sie den Maßstab des rechtlich Gebotenen. Sie leisten auf diese Weise einen Beitrag zur Rechtssicherheit für Betreiber Kritischer Verkehrsinfrastrukturen und Hersteller. Geltendes Recht konstituiert einen institutionellen Rahmen. Dieser ist gekennzeichnet durch das aufeinander abgestimmte Zusammenwirken von Institutionen auf nationaler und europäischer Ebene. Auf nationaler Ebene nehmen verschiedene Institutionen im Rahmen der Marktbeobachtung eine Aufsicht Kritischer Verkehrsinfrastrukturen wahr. Unabhängige Stellen bewerten die Einhaltung der Vorgaben außergesetzlicher technischer Regelwerke.

3.1 Europäischer Rechtsrahmen

Das nationale Rechtssystem ist – wie im linken Teil von Abb. 3.1 dargestellt – in den Rechtsrahmen der Europäischen Union integriert. Sowohl im europäischen als auch im nationalen Rechtsrahmen stehen die Rechtsnormen in einem hierarchischen Verhältnis zueinander (vgl. rechte Seite von Abb. 3.1).

Die Europäische Union strebt nach einheitlichen Regeln im Europäischen Binnenmarkt und harmonisiert daher in relevanten Bereichen die Rechtsvorschriften. Als Harmonisierung wird hierbei die gegenseitige Angleichung innerstaatlicher Rechts- und Verwaltungsvorschriften der Mitgliedsstaaten aufgrund der europäischen Rechtsetzung bezeichnet. Nationales Recht bleibt hierbei in der

L. Schnieder, *Schutz Kritischer Infrastrukturen im Verkehr*, essentials, https://doi.org/10.1007/978-3-662-67267-9_3

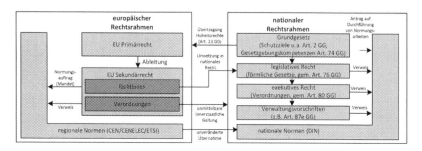

Abb. 3.1 Einbettung nationaler Rechtsakte in den Rechtsrahmen der Europäischen Union (Schnieder 2017a)

Regel bestehen Allerdings trifft die Kommission der Europäischen Union mitunter detaillierte Vorgaben für die Ausgestaltung des jeweiligen nationalen Rechts. In Deutschland regelt Artikel 23 des Grundgesetzes die Übertragung von Hoheitsrechten an die Europäische Union. Die Europäische Union kann mit verschiedenen Rechtsakten das nationale Rechtssystem der Mitgliedsstaaten beeinflussen:

- *Richtlinien* sind rechtliche Vorgaben auf europäischer Ebene, die in nationales Recht umzusetzen sind. Sie entfalten hierdurch nur mittelbare Geltung. Ein Beispiel hierfür ist die Richtlinie (EU) 2016/1148 („NIST-Richtlinie").
- *Verordnungen* sind rechtliche Vorgaben der Europäischen Union, die im Gegensatz zu Richtlinien unmittelbare rechtliche Wirkung entfalten. Sie bedürfen daher keiner Umsetzung in nationales Recht. Ein Beispiel hierfür ist die Verordnung (EU) 2019/881 zum Aufbau einer europäischen Agentur für Cybersicherheit (ENISA).

3.2   Nationaler Rechtsrahmen

Im nationalen Rechtsrahmen bilden formelle Gesetze (legislatives Recht, das heißt vom Parlament erlassene Rechtsakte) den Ausgangspunkt des Rechtsrahmens. Rechtsverordnungen (exekutives Recht) konkretisieren die formellen – also die vom Parlament erlassenen – Gesetze.

3.2.1 Verankerung im legislativen Recht

Im Vorgriff auf die in nationales Recht umzusetzende Vorgabe der Europäischen Union (Richtlinie (EU) 2016/1148) hat die Bundesregierung bereits im Jahr 2015 einen nationalen Rechtsrahmen zur Erhöhung der Sicherheit informationstechnischer Systeme geschaffen (IT-Sicherheitsgesetz). Das Gesetz regelt unter anderem, dass Betreiber sogenannter „Kritischer Infrastrukturen" ein Mindestniveau an IT-Sicherheit einhalten und ihre IT-Systeme gegen Störungen der Verfügbarkeit, Integrität, Authentizität und Vertraulichkeit schützen. Im Jahr 2021 wurde das IT-Sicherheitsgesetz in einer Novellierung an mittlerweile vorliegende europäische Vorgaben angepass („IT-Sicherheitsgesetz 2.0").

3.2.2 Konkretisierung durch exekutives Recht

Rechtsverordnungen sind Rechtsnormen, die von einer Stelle erlassen worden sind, der Rechtssetzungsgewalt vom Gesetzgeber durch ein förmliches Gesetz delegiert worden ist. Das IT-Sicherheitsgesetz als legislativer Rechtsakt ermächtigt, das Bundesministerium des Innern, konkretisierende Rechtsverordnungen zu erlassen. Per Rechtsverordnung (so geschehen durch die sogenannte KRITIS-Verordnung) wurde der unscharfe Rechtsbegriff „Kritischer Verkehrsinfrastrukturen" Mitte des Jahres 2017 nach Anhörung von Vertretern der Wissenschaft, der betroffenen Betreiber und der betroffenen Wirtschaftsverbände im Einvernehmen mit den Ressorts der Bundesregierung für Verkehrsinfrastrukturen präzisiert (BSI-KritisV). Die Verordnung präzisiert den unscharfen Rechtsbegriff der *Kritizität* einer Infrastruktur. Sie gibt damit konkrete Vorgaben für die Art der zu schützenden technischen Systeme. Sie legt mit der Vorgabe konkreter Schwellenwerte fest, ab welcher Größenordnung Betreiber von Verkehrsinfrastrukturen die Vorgaben des Schutzes gegen unberechtigte Zugriffe Dritter verbindlich umsetzen müssen.

3.3 Normen zur Konkretisierung des rechtlich Gebotenen

Legislatives und exekutives Recht alleine geben noch keinen hinreichenden Aufschluss über die konkrete Ausgestaltung von Schutzkonzepten gegen unberechtigte Zugriffe Dritter. Dies wäre zum einen aufgrund des Umfangs der Anforderungen und der Dynamik der technischen Entwicklung nicht zielführend

und zum anderen vom Gesetzgeber auch gar nicht leistbar. Technische Regelwerke bilden folglich einen Maßstab für (rechtlich) einwandfreies technisches
Verhalten. Der Gesetzgeber bedient sich mittelbarer Normenverweise und öffnet
auf diese Weise das Recht für fortschreitende technische Erkenntnisse (Di Fabio
1996). Durch diese Öffnung des Rechts erhalten Normen eine rechtliche Bedeutung. Normen als Maßstab des rechtlich Gebotenen enthalten konkretisierende
Vorgaben, wie das in den Gesetzen legislativ verankerte Schutzniveau Kritischer
Verkehrsinfrastrukturen in der Praxis erreicht werden kann.

Auf technische Regeln nicht-staatlicher Regelsetzer wird in der Rechtset-
zungspraxis mithilfe von Generalklauseln Bezug genommen. Die Generalklauseln
des Standes von Wissenschaft und Technik, des Standes der Technik und der
allgemein anerkannten Regeln der Technik unterscheiden sich hinsichtlich des
Grades der Verbreitung des Wissens und dem Grad der Bewährung der technischen Regel. Abb. 3.2 zeigt ebenfalls die die zunehmende Verbreitung und
die zunehmende praktische Bewährung im zeitlichen Verlauf. Welche der drei
Generalklauseln im jeweiligen Gesetzestext zu wählen ist, richtet sich nach
dem Gefährdungspotenzial der zu regelnden Materie sowie nach der technischen Beherrschbarkeit des Gefährdungspotenzials (Bundesministerium der Justiz
2012).

Konkret fordert das IT-Sicherheitsgesetz, dass vom Betreiber einer Kritischen
Infrastruktur „angemessene" organisatorische und technische Vorkehrungen zu

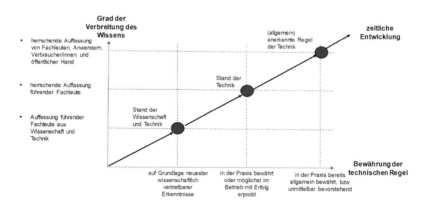

Abb. 3.2 Anforderungsniveaus unterschiedlicher in den Gesetzen verwendeter Generalklauseln. (Eigene Darstellung in Anlehnung an Thomasch 2005)

ergreifen sind. Diese abstrakte Forderung wird durch Bezugnahme auf den unbe-stimmten Rechtsbegriff des Standes der Technik näher bestimmt. Damit der Aufwand für die zu treffenden technischen und organisatorischen Maßnahmen für den Betreiber der Kritischen Infrastruktur nicht ins Unermessliche steigt, gesteht der Gesetzgeber den Betreibern zu, den Grad der „Angemessenheit" ins Ver-hältnis zu den Folgen eines Ausfalls oder einer Beeinträchtigung der Kritischen Verkehrsinfrastruktur zu stellen. Technische und organisatorische Maßnahmen müssen also umso aufwendiger sein, je größer die möglichen Auswirkungen einer Störung der Kritischen Verkehrsinfrastruktur ist.

3.3.1 Stand der Technik

Das Anforderungsniveau der Generalklausel „Stand der Technik" liegt zwischen dem Anforderungsniveau der „allgemein anerkannten Regeln der Technik" und dem Anforderungsniveau des „Standes der Wissenschaft und Technik". Dieses Anforderungsniveau wird konkret vom IT-Sicherheitsgesetz für die Absiche-rung Kritischer Verkehrsinfrastrukturen gefordert. Der Stand der Technik ist demnach der Entwicklungsstand fortschrittlicher Verfahren, Einrichtungen und Betriebsweisen, der nach herrschender Auffassung führender Fachleute das Errei-chen des gesetzlich vorgegebenen Zwecks gesichert erscheinen lässt. Verfahren, Betriebsweisen oder Einrichtungen müssen sich in der Praxis bewährt haben oder sollten – wenn dies noch nicht der Fall ist – möglichst im Betrieb mit Erfolg erprobt worden sein (Bundesministerium der Justiz 2012). Normen sind nicht jedoch nicht nur aus dem nationalen Rechtsrahmen heraus von Relevanz. Sie kön-nen ihre Bedeutung auch aus europäischen Rechtsakten heraus erhalten, indem sie von Produkten einzuhaltende „grundlegende Anforderungen" näher bestimmen. In diesem Fall ist auch die Rede von „Harmonisierten Normen".

3.3.2 Harmonisierte Normen

Norm, die von einer von der Europäischen Union anerkannten europäischen Normungsorganisation (ETSI, CEN und CENELEC) auf der Grundlage eines Ersuchens der Kommission erstellt wurde. Die Harmonisierung der Norm wird im Amtsblatt der Europäischen Union bekannt gegeben. Dabei wird auch der Termin festgelegt, ab dem die Anwendung der Norm, und damit der Konformität mit den Anforderungen möglich ist. Die Einhaltung harmonisierter Normen ist wesent-liche Grundlage eines einheitlichen europäischen Binnenmarktes, da für alle

Marktteilnehmer nun die gleichen „Spielregeln" gelten. Betreiber Kritischer Verkehrsinfrastrukturen sind nach (IT-Sicherheitsgesetz) verpflichtet, spätestens zwei Jahre nach Inkrafttreten der Rechtsverordnung angemessene organisatorische und technische Vorkehrungen zur Vermeidung von Störungen der Verfügbarkeit, Integrität, Authentizität und Vertraulichkeit ihrer informationstechnischen Systeme, Komponenten oder Prozesse zu treffen. Betreiber können dem Bundesamt für Informationssicherheit sogenannte branchenspezifische Sicherheitsstandards (B3S) vorschlagen.

3.3.3 Branchenspezifische Sicherheitsstandards (B3S)

Betreiber oder Ihre Verbände können in „Branchenspezifischen Sicherheitsstandards" (B3S) konkretisieren, wie die Anforderungen zum Stand der Technik erfüllt werden können. Das Bundesamt für Sicherheit in der Informationstechnik (BSI) stellt auf Antrag fest, ob sich die eingereichten B3S eignen, die Schutzziele zu erreichen. Die Feststellung der Eignung erfolgt im Einvernehmen mit der zuständigen Aufsichtsbehörde (zum Beispiel Eisenbahn-Bundesamt für Eisenbahnen oder von den Ländern bestimmte Technische Aufsichtsbehörden für Straßenbahnen, TAB). Die B3S umfassen hierbei konkrete Vorgaben zu *technischen Maßnahmen* zur Härtung von Systemen gegen Angriffe (zum Beispiel umfassende Kataloge technischer Maßnahmen wie DIN EN IEC 62443-3-3 oder Maßnahmen des BSI-Grundschutzes), zu Maßnahmen des physischen Zugriffsschutzes sowie zu organisatorischen Schutzmaßnahmen (im Sinne von Managementsystemen für die Informationssicherheit, ISMS gemäß DIN EN ISO/IEC 27001).

Für die verschiedenen städtischen Verkehrssysteme bestehen aktuell die folgenden technischen Regelwerke:

- *Verkehrsmittel und Infrastruktur spurgebundener öffentlicher Verkehrssysteme:* Mit dem Normentwurf EN 50701 liegt ein technisches Regelwerk vor, welches Betreibern von Schienenverkehrssystemen, Systemintegratoren und Komponentenherstellern einen Leitfaden an die Hand gibt, wie die Cybersecurity im Zusammenhang mit dem Lebenszyklusmodell der DIN EN 50126-1 systematisch betrachtet werden kann. Der Ansatz ist – ebenso wie die DIN EN 50126 – bewusst generisch gehalten und daher geeignet, das Gesamtsystem des städtischen Schienenverkehrs mit seinen unterschiedlichen Konstituenten zu umfassen (in Anlehnung an die Strukur der BOStrab sind dies Schienenfahrweg, Zugsicherungsanlagen, Fahrzeuge, Traktionsstromversorgung, Stationsbauwerke, Nachrichtentechnik). Zur Auswahl konkret umzusetzender Maßnahmen verweist die EN 50701 auf internationale Standards für den Zugriffsschutz industriellen Steuerungssystemen wie die DIN IEC 62443. Konkrete Handlungsempfehlungen ergeben sich aus technischen Regelwerken des Verbandes Deutscher Verkehrsunternehmen (vgl. VDV-Schrift 440 und VDV-Mitteilung 4400).

- *Verkehrsmanagementinfrastruktur:* Auch für die Straßenverkehrstechnik sind relevante Systeme zu erfassen, zu dokumentieren und Maßnahmen zu beschreiben zum Schutz vor Hackerangriffen, Cyberattacken sowie anderen nicht autorisierten Zugriffen. Die Grundlagen sind hier in einem branchenspezifischen Sicherheitsstandard niedergelegt (DIN VDE V 0832-700). Die in DIN VDE V 0832-700 dargelegten Aspekte sollen Schwachstellen und Sicherheitslücken der Informationssicherheit bestehender und künftiger Systeme der Straßenverkehrstechnik vorbeugen und den Einsatz entsprechender Gegenmaßnahmen unterstützen. Die Vorgaben aus DIN VDE V 0832-700 tragen so zur Verbesserung der Informationssicherheit Kritischer Infrastrukturen im Sinne des IT-Sicherheitsgesetzes bei.
- *Verkehrsmittel des öffentlichen Straßenverkehrs:* Für Kraftfahrzeuge liegt bereits seit längerem mit der SAE J 3061 ein technisches Regelwerk vor, welches ein konkretes Vorgehensmodell zur Entwicklung gegen unberechtigte Zugriffe Dritter gehärteter Systeme enthielt. Dieser initiale Ansatz wurde fortentwickelt, was seinen Niederschlag in der Norm ISO/SAE 21434 gefunden hat. Diese Norm ist aktuell Gegenstand laufender Entwicklungsprojekte für elektrische/elektronische und programmierbar elektronische Systeme in Kraftfahrzeugen (E/E/PE-Systeme).

3.4 Institutioneller Rahmen

Innerhalb des gesetzten Rechtsrahmens agieren verschiedene Institutionen. Der folgende Abschnitt beschreibt das Zusammenspiel europäischer und nationaler Institutionen und die behördliche Aufsicht auf nationaler Ebene. Außerdem wird die die Rolle von Konformitätsbewertungsstellen sowie ihre Anerkennung zur Wahrnehmung hoheitlicher Aufgaben beschrieben.

3.4.1 Zusammenspiel europäischer und nationaler Institutionen

Im Bereich des Schutzes Kritischer Verkehrsinfrastrukturen hat die Europäische Union mit der Richtlinie (EU) 2016/1148 erstmals von ihrer Rechtssetzungsbefugnis Gebrauch gemacht. Abb. 3.3 zeigt die Rollen und Akteure auf nationaler und europäischer Ebene im Zusammenhang mit dem Schutz Kritischer Verkehrsinfrastrukturen.

- *Nationale Aufsichtsbehörden:* Die Aufsichtsbehörden werten die Meldungen der Betreiber Kritischer Verkehrsinfrastrukturen im Zusammenhang mit auf die Cybersecurity bezogenen Störfällen aus. Eine nationale Behörde ist als federführende zentrale Anlaufstelle für den Austausch auf europäischer Ebene benannt. Für den Austausch der zuständigen nationalen Behörden ist auf europäischer Ebene eine Kooperationsgruppe eingerichtet worden.
- *Nationale Computer Security Response Teams:* Eine weitere zentrale Rolle nehmen Computer Security Incident Response Teams (CSIRT) ein. Hierbei handelt es sich um Organisationen, die mit der für die Kritische Infrastruktur zuständige Behörde kooperieren. Die CSIRTs der einzelnen Mitgliedsstaaten tauschen sich über eine federführend zuständige nationale Behörde (zentrale Anlaufstelle) untereinander aus. Dies stellt sicher, dass Erfahrungen eines Mitgliedsstaates für andere Mitgliedsstaaten zur Verfügung stehen.

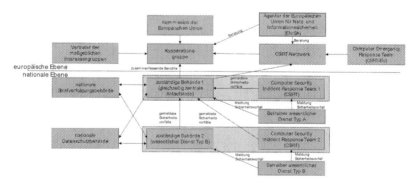

Abb. 3.3 Rollen und Akteure auf nationaler und europäischer Ebene im Zusammenhang mit dem Schutz Kritischer Verkehrsinfrastrukturen

- *Nationale Strafverfolgungsbehörden und Datenschutzbehörden:* Angriffe auf Kritische Verkehrsinfrastrukturen stellen in den Rechtsordnungen der Mitgliedsstaaten der Europäischen Union eine strafbare Handlung dar. Insofern werden die Strafverfolgungsbehörden im Falle eines erkannten Angriffs mit in die Aufarbeitung des Vorfalls einbezogen. Gleiches gilt für die nationalen Datenschutzbehörden, wenn es im Zuge des Angriffes zu einer Verletzung datenschutzrelevanter Sachverhalte gekommen sein sollte.
- *Agentur der Europäischen Union für Netz- und Informationssicherheit (ENISA):* Die ENISA sollte sich um eine engere Zusammenarbeit mit Universitäten und Forschungseinrichtungen bemühen, um einen Beitrag zur Verringerung der Abhängigkeit von Cybersicherheitsprodukten und -diensten von außerhalb der Europäischen Union zu leisten und die Lieferketten innerhalb der Europäischen Union zu stärken (Verordnung (EU) 2019/881). Die ENISA soll den Austausch bewährter Verfahren zwischen den Mitgliedstaaten und privaten Interessenträgern fördern. Sie soll der Kommission der Europäischen Union strategische Vorschläge für (sektorspezifische) politische Initiativen im Bereich der Cybersicherheit unterbreiten und die operative Zusammenarbeit sowohl zwischen den Mitgliedstaaten als auch zwischen den Mitgliedstaaten und den Organen, Einrichtungen und sonstigen Stellen der Europäischen Union fördern.

3.4.2 Behördliche Aufsicht auf nationaler Ebene

Das Bundesamt für Sicherheit in der Informationstechnik (BSI) kann zur Erfüllung seiner Aufgaben auf dem Markt bereitgestellte oder zur Bereitstellung auf dem Markt vorgesehene informationstechnische Produkte und Systeme untersuchen (sog. Marktüberwachung). Es kann sich hierbei die Unterstützung Dritter bedienen, soweit berechtigte Interessen des Herstellers der betroffenen Produkte und Systeme dem nicht entgegenstehen. Eine solche Unabhängigkeit wird in der Regel durch unabhängige Konformitätsbewertungsstellen (vgl. Abschn. 2.5) gewährleistet und durch deren Akkreditierung bestätigt.

Marktbeobachtung Die von den Behörden durchgeführten Tätigkeiten und von ihnen getroffenen Maßnahmen, durch die sichergestellt werden soll, dass die Produkte mit den Anforderungen der einschlägigen Harmonisierungsrechtsvorschriften der Gemeinschaft (vgl. Abschn. 2.3) übereinstimmen und keine Gefährdung für die Gesundheit, Sicherheit oder andere im öffentlichen Interesse schützenswerte Bereiche darstellen (Verordnung (EG) Nr. 765/2008).

Verkehrsträgerspezifische Gesetze bestimmen eine Aufsichtsbehörde. Beispiele hierfür sind unter anderem das Eisenbahn-Bundesamt als Aufsichts- und Genehmigungsbehörde für alle bundeseigenen Eisenbahnen, Landeseisenbahnaufsichten für nichtbundeseigene Eisenbahnen, Technische Aufsichtsbehörden der Länder für Straßenbahnen sowie das Fernstraßen-Bundesamt für die Bundesautobahnen. Diese Aufsichtsbehörden prüfen nach erteilter Inbetriebnahmegenehmigung regelmäßig, ob der Betreiber der Kritischen Verkehrsinfrastruktur (bspw. das Verkehrsunternehmen oder die Autobahn GmbH des Bundes) seinen organisatorischen Pflichten zur Gewährleistung eines sicheren und ordnungsgemäßen Betriebs weiterhin nachkommt. Ein Beispiel einer solchen strukturierten Aufsicht, welche primär auf die Betriebssicherheit ausgerichtet ist, ist in Abb. 3.4 dargestellt. Hierbei besteht ein geschlossener Regelkreis, bei dem von der Aufsichtsbehörde Kontrollen geplant, durchgeführt und nachbereitet werden. Das IT-Sicherheitsgesetz ergänzt diese verkehrsträgerspezifisch etablierte Praxis um eine auf Aspekte der IT-Sicherheit bezogene Aufsicht, die der Verordnungsgeber in die Hände des Bundesamtes für Sicherheit in der Informationstechnik (BSI) gelegt hat. Die Betreiber Kritischer Infrastrukturen teilen im Rahmen ihrer Meldepflicht dem BSI etwaige für die IT-Sicherheit relevante Vorkommnisse in der von ihnen betriebenen Infrastruktur mit. Das BSI setzt sich nach erfolgter Bewertung des Vorfalls mit der zuständigen Aufsichtsbehörde ins Benehmen und stimmt möglicherweise erforderliche Korrekturmaßnahmen ab.

3.4.3 Konformitätsbewertungsstellen und ihre Anerkennung

Die Zertifizierung ist die Aussage einer Konformitätsbewertungsstelle, dass der Gegenstand der Konformitätsbewertung die Vorgaben der allgemein anerkannten Regeln der Technik erfüllt (Röhl 2000).

Konformitätsbewertung
Die Konformitätsbewertung ist die Darlegung, dass festgelegte Anforderungen bezogen auf ein Produkt, einen Prozess, ein System, eine Person oder eine Stelle erfüllt sind (DIN EN ISO/IEC 17000). Die Konformitätsbewertung kann mittels verschiedener Verfahren erfolgen. Eines der Konformitätsbewertungsverfahren ist die Zertifizierung.

Zertifizierung
Die Zertifizierung ist ein Konformitätsbewertungsverfahren, mit dessen Hilfe die Einhaltung bestimmter Anforderungen nachgewiesen wird (DIN EN ISO/IEC

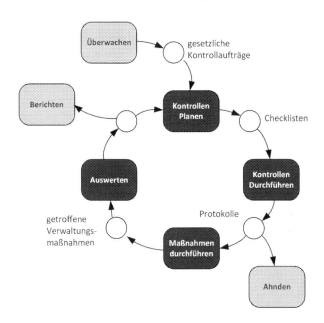

Abb. 3.4 Regelkreis der Sicherheitsaufsicht (Schnieder 2017c)

17000). Dem ganzheitlichen Schutzkonzept für IT-Infrastrukturen folgend, können verschiedene Objekte Gegenstand einer Konformitätsbewertung sein:

- Konkrete, in verkehrstechnischen Anlagen eingesetzte *Produkte* zur Umsetzung von IT-Sicherheitsmaßnahmen: Die Zertifizierung von Produkten erfordert eine Akkreditierung der Konformitätsbewertungsstelle nach DIN EN ISO/IEC 17065.
- Auf die IT-Sicherheit ausgerichtete *Managementsysteme* der Betreiber von Kritischen Verkehrsinfrastrukturen: Die Zertifizierung von Managementsystemen für die Informationssicherheit (ISMS) erfordert eine Akkreditierung der Konformitätsbewertungsstelle nach DIN EN ISO/IEC 17021.
- Qualifikation des mit der Umsetzung und Aufrechterhaltung der IT-Sicherheit betrauten *Personals*: Die Personenzertifizierung orientiert sich an den Anforderungen der DIN EN ISO/IEC 17024.

Die Bestätigung, dass die Konformitätsbewertungsstellen die an sie gerichteten Anforderungen erfüllen kommt durch die Akkreditierung zum Ausdruck.

Akkreditierung

Für die Bewertung der Konformität von Produkten und Managementsystemen zu den Vorgaben der Normen braucht es Konformitätsbewertungsstellen. Konformitätsaussagen können nicht von jeder beliebigen Stelle getroffen werden. Konformitätsbewertungsstellen bedürfen vielmehr einer Akkreditierung im Sinne einer öffentlichen Absicherung dieses Gliedes der Qualitätssicherungskette.

Akkreditierung ist eine Bestätigung durch eine nationale Akkreditierungsstelle, dass eine Konformitätsbewertungsstelle die in harmonisierten Normen festgelegten Anforderungen und gegebenenfalls zusätzliche Anforderungen. Die Konformitätsbewertungsstelle ist daher befähigt, eine spezielle Konformitätsbewertungstätigkeit durchzuführen (Verordnung (EG) Nr. 765/2008).

Die Akkreditierung ist eine unabhängige Bestätigung von national zugelassenen Akkreditierungsstellen, dass eine Konformitätsbewertungsstelle die in spezifischen Normen (Normenreihe DIN EN ISO/IEC 17000 ff.) festgelegten Anforderungen erfüllt (Röhl 2000). Mit der Beleihung erhalten die Akkreditierungsstellen die Befugnis zur Wahrnehmung der hoheitlichen Aufgabe der Anerkennung und Aufsicht von Konformitätsbewertungsstellen. Die Deutsche Akkreditierungsstelle GmbH nimmt als Person des privaten Rechts in der Bundesrepublik Deutschland hoheitliche Aufgaben wahr. Hierdurch wird es dem Staat ermöglicht, sich von der Aufsicht zu entlasten. Im Zuge des Akkreditierungsverfahrens muss eine Konformitätsbewertungsstelle gegenüber unabhängigen Dritten (der Akkreditierungsstelle) den Nachweis erbringen, dass sie unparteilich und unabhängig in ihrer fachlichen Beurteilung ist (Ernsthaler et al. 2007). Ferner müssen die üblichen Anforderungen eines Qualitätsmanagementsystems nach DIN EN ISO 9001 (definierte Prozesse, klare organisatorische Rollen und Verantwortlichkeiten, Dokumentenlenkung sowie kontinuierliche Verbesserung) etabliert sein. Weitere Anforderungen umfassen die transparente Behandlung von Einsprüchen und Beschwerden. Ein weiteres zentrales Element ist die Sicherung der für die jeweilige Aufgabe erforderlichen fachlichen Kompetenzen. Sofern die Aufgabe der Konformitätsbewertung Prüfungen und Messungen umfasst, sind insbesondere Maßnahmen zur Kalibrierung der eingesetzten Mess- und Prüfmittel umzusetzen.

Haftungsvermeidung als Motivation zum Schutz Kritischer Verkehrsinfrastrukturen

4

Im täglichen Betrieb unterliegt der Betreiber einer Kritischen Verkehrsinfrastruktur vielen verschiedenen rechtlichen Regelungen. Um eine wirksame Haftungsvermeidung im Falle von Cyberangriffen treffen zu können, sind umfassende technische und organisatorische Maßnahmen zu ergreifen. Um eine Konformität mit den gesetzlichen Vorgaben (Stichwort: Compliance) herzustellen, ist eine Kenntnis haftungsbegründender Rechtsnormen unerlässlich. Diese ergeben sich aus dem Körperschaftsrecht, dem öffentlichen Recht, dem Zivilrecht aber auch dem Strafrecht (vgl. Abb. 4.1). Fehlende IT-Sicherheit hat aber auch wirtschaftliche Auswirkungen: einerseits im Sinne des verloren gegangenen Vertrauens der Nutzer der Verkehrssysteme, andererseits durch verlorenen Umsatz.

4.1 Haftung aus körperschaftsrechtlichen Sicherheitspflichten

Im Schadensfall haften Manager für die Verletzung ihrer Sorgfaltspflichten persönlich. Es ist primäre Aufgabe der Geschäftsleitung von Betreibern Kritischer Verkehrsinfrastrukturen, ihr Unternehmen in geeigneter Weise gegen Risiken abzusichern und diese zu vermeiden. Dies betrifft die Abwehr aller Gefahren, nicht nur derjenigen, die sich aus der Verwendung informationstechnischer Systeme ergeben. Der Bundesgerichtshof hat in seiner Rechtsprechung wiederholt verdeutlicht, dass Geschäftsführer und Vorstände, aber auch leitende Angestellte gesetzlichen Aufsichts- und Kontrollpflichten unterliegen. Demnach müssen sie sich nachhaltig um Vermeidung von Gefahren für das Unternehmen bemühen, zumal diese in der Verletzung von Gesetzen münden können. Die Rechtsprechung stützt sich dabei insbesondere auf die Vorschrift des § 91 Abs. 2 AktG

L. Schnieder, *Schutz Kritischer Infrastrukturen im Verkehr,* essentials,
https://doi.org/10.1007/978-3-662-67267-9_4

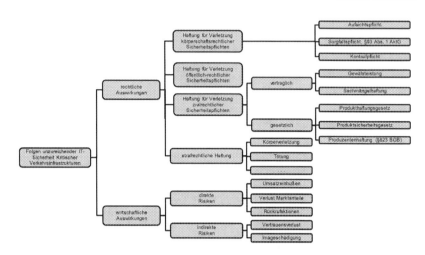

Abb. 4.1 Überblick haftungsbegründender Rechtsnormen (Schnieder 2017b)

(Aktiengesetz), aus dem sich die Pflicht des Vorstandes ergibt, ein Risikomanagement und System zur Früherkennung bestandsgefährdender Gefahren aufzubauen. Dies gilt auch für die Geschäftsleitung einer Gesellschaft mit beschränkter Haftung (GmbH). Hinzu kommt die Pflicht der Unternehmensleitung, mit der Sorgfalt eines ordentlichen Kaufmannes zu handeln. Diese Sorgfaltsverpflichtung ist gesetzlich verankert in § 93 Abs. 1 Satz 1 AktG sowie § 43 GmbHG. Nach der Rechtsprechung gehört die Risikovermeidung zu den Sorgfaltspflichten. Schließlich ergibt sich aus den §§ 130, 30 und 9 OWiG (Gesetz über Ordnungswidrigkeiten), dass die Verletzung von Aufsichts-, Sorgfalts- und Kontrollpflichten alleine schon zu einem Bußgeld für das Unternehmen führen kann (Ehricht und Smitka 2017).

4.2 Haftung aus öffentlich-rechtlichen Sicherheitspflichten

Im Bereich der öffentlich-rechtlichen Sicherheitspflichten ist das IT-Sicherheitsgesetz für Betreiber Kritischer Verkehrsinfrastrukturen relevant. Das Gesetz bestimmt das Bundesamt für Sicherheit in der Informationstechnik (BSI) zur obersten Aufsichtsbehörde (für Belange der IT-Sicherheit) und

verpflichtet Betreiber Kritischer Verkehrsinfrastrukturen zu Sicherheitsmaßnahmen nach dem Stand der Technik. Das IT-Sicherheitsgesetz trägt Betreibern
Kritischer Verkehrsinfrastrukturen eine ganze Reihe besonderer Pflichten auf.
So sind externe Angriffe auf die IT-Systeme dem BSI zu melden. Es ist dem
BSI gegenüber eine durchgängig erreichbare unternehmensinterne Meldestelle
zu benennen. Außerdem müssen die IT-Sicherheitssysteme dem branchenspezifischen Stand der Technik entsprechen. Werden die Anforderungen nicht,
unvollständig oder nicht zeitgerecht erbracht, sieht der Gesetzgeber Bußgelder in
Höhe von bis zu 100.000 EUR pro Fall und Unternehmen vor. In der konkreten
Ausübung seiner Aufsicht wird sich das BSI mit den jeweiligen zuständigen
Fachaufsichtsbehörden (beispielsweise dem Eisenbahn-Bundesamt für Eisenbahnen des Bundes oder der regional zuständigen Technischen Aufsichtsbehörde für
Straßenbahnen) abstimmen. Diese Abstimmung ist insofern erforderlich, als dass
ein unberechtigter Zugriff Dritter möglicherweise das Schutzziel der Integrität
sicherheitsrelevanter Steuerungssysteme kompromittiert und somit in der Folge
zu Gefährdungen in der Betriebsabwicklung des Verkehrssystems führen kann.

4.3 Haftung aus zivilrechtlichen Sicherheitspflichten

Im Sinne repressiver Maßnahmen sanktioniert der Gesetzgeber den „missbilligten Erfolg" also einen unsicheren Zustand, insbesondere beim Eintritt
eines Schadens. Diesen Ansatzpunkt verfolgen Rechtsnormen, die zivilrechtliche Schadensersatzansprüche begründen und Straftatbestände enthalten. Aus den
Geltungsbereichen der rechtlichen Regelungen zur Produktsicherheit (Produktsicherheitsgesetz, ProdSG), zur Produkthaftung (Produkthaftungsgesetz, Prod
HaftG) und zur Produzentenhaftung (deliktische Haftung nach § 823 Bürgerliches
Gesetzbuch, BGB) resultiert die Relevanz von Normen. Die Ersatzpflicht des
Herstellers ist demnach dann ausgeschlossen, wenn das Produkt bei Inverkehrbringen dem Stand von Wissenschaft und Technik genügt (Produkthaftung). Auch
vor dem Hintergrund der Sorgfaltspflicht eines Herstellers (Produzentenhaftung)
erhalten Normen rechtliche Relevanz (Hoppe et al. 2002). Die zuvor aufgeführten zivilrechtlichen Haftungsgrundlagen begründen insgesamt fünf verschiedene
Rechtspflichten, zur Erfüllung derer die Hersteller ihrerseits umfassende technische und organisatorische Maßnahmen ergreifen müssen, damit ihre Produkte
im Kontext ihres Einsatzes in Kritischen Verkehrsinfrastrukturen die Schutzziele
nicht gefährden:

- *Konstruktionspflicht:* Das Produkt muss den gebotenen Schutzniveau vor unberechtigten Zugriffen Dritter entsprechen. Das heißt, der Hersteller muss sich bei der Konstruktion eines Produktes nach dem erkennbaren Stand der Technik richten.

- *Produktionspflicht:* Der Hersteller muss in der Fertigung sicherstellen, dass in seriengefertigte keine Schadsoftware eingebracht werden kann. Hierbei sind auch in der Produktion Maßnahmen vor unberechtigten Manipulationen der Produkte umzusetzen.

- *Instruktionspflicht:* Trotz aller Schutzmaßnahmen zum Zeitpunkt des Inverkehrbringens verbleibt ein Restrisiko, dass das Produkt von einem externen Angreifer kompromittiert werden kann. Durch eine angemessene Information muss der Verwender des Produktes in die Lage versetzt werden, diesen Gefahren soweit wie möglich entgegenzuwirken.

- *Pflicht zur Produktbeobachtung:* Der Hersteller muss beobachten, was am Markt mit seinem Produkt geschieht. Hierbei sind Informationen darüber zu sammeln und auszuwerten, wie sich das im Verlauf seines Lebenszyklus verhält, bzw. welche Schwachstellen gegen unberechtigten Zugriff Dritter sich offenbaren.

- *Pflicht zur effektiven Gefahrsteuerung:* Offenbaren sich gefährliche Schwachstellen am Produkt, bzw. werden unberechtigte Zugriffe Dritter registriert, müssen die Hersteller diesen durch entsprechende Maßnahmen entgegenwirken. Beispiele hierfür sind unverzügliche Benutzerinformationen und gegebenenfalls Korrekturen durch Softwarepatches.

4.4   Strafrechtliche Haftung

Eine Straftat ist geknüpft an drei Voraussetzungen. Fehlt eine dieser drei Voraussetzungen, liegt kein strafbares Handeln vor:

- *Tatbestand* (das heißt, für die betreffende Straftat gibt es einen entsprechenden Gesetzeswortlaut),
- *Rechtswidrigkeit* (das heißt, für die betreffende Straftat gibt es keinen Rechtfertigungsgrund wie Notwehr),
- *Schuld* (das heißt, für die betreffende Straftat ist dem Täter ein vorsätzliches oder fahrlässiges Verhalten vorwerfbar).

Bezüglich strafbaren Handelns sind die folgenden Aspekte zur berücksichtigen:

- *Handlung und Unterlassen:* Das Unterlassen einer vorzunehmenden Handlung kann eine strafrechtliche Handlung darstellen (§ 13 StGB). Unter Handlung versteht das Gesetz jedes menschliche Verhalten: das aktive Tun, das heißt das Eingreifen in die Außenwelt und das (un-)bewusste Unterlassen eines aktiven Tuns (zum Beispiel die Tötung durch das Unterlassen einer Hilfeleistung). In diesem Sinne hat auch die fehlende Umsetzung von IT-bezogener Schutzmaßnahmen strafrechtliche Relevanz.
- *Vorsatz und Fahrlässigkeit* (§ 15 StGB): Vorsatz bedeutet, dass der Täter mit Wissen und Wollen bei der Verwirklichung des Straftatbestandes vorging. Genauer gesagt verlangt das Strafgesetz zunächst die Kenntnis des Täters, dass sein Verhalten strafbar ist, und dann den Willen des Täters, diese strafbare Handlung auch wirklich zu tun. Fahrlässigkeit (z. B. §§ 222, 230 StGB) ist gegeben, wenn der Täter den Tatbestand rechtswidrig und schuldhaft verwirklicht, ohne es zu erkennen und zu wollen. Der Täter handelt hierbei pflichtwidrig und verletzt seine Sorgfaltspflicht, die sich beispielsweise aus seinem Beruf (beispielsweise Manager eines Unternehmens), einem Vertrag (zum Beispiel Liefervertrag) oder vorangegangenem Tun (beispielsweise vorheriges Zufügen einer Verletzung) ergibt.

Entwurf, Implementierung und Betrieb angriffsgeschützter Systeme

5

In den verschiedenen Verkehrsmoden kommen spezifische Vorgehensweisen des Systems Engineerings zum Einsatz. Allgemein anerkannte Regeln der Technik (Normen) geben hierbei einen generischen Lebenszyklus mit mehreren Phasen vor, welche die kompletten Aktivitäten von der Planung eines technischen Systems bis zu seiner Stilllegung und Entsorgung umfassen. Ein wesentlicher Schwerpunkt ist hierbei die Betriebssicherheit (Safety). Die Zugriffs- oder Angriffssicherheit (Security) ist bewusst aus dem Umfang herausgenommen und wird dort nicht adressiert. Daher sind die Entwurfsprozesse der funktional sicheren technischen Systeme um Aspekte eines Security Engineerings zu ergänzen. Hierbei müssen ins- besondere die nachfolgend dargestellten Aspekte vertieft betrachtet werden:

- Durchführung einer Bedrohungsanalyse
- Ableitung von Securityanforderungen
- Prüfung und Nachweis von Security-Anforderungen

5.1 Bedrohungsanalyse

Ausgangspunkt der Planung des Angriffsschutzes ist stets eine Bedrohungsanalyse. Maßgeblich für die Bedrohungsanalyse die Bewertung der Stärke des Angreifers anhand mehrerer Attribute. Die Attribute bestimmen die zu berücksichtigende Stärke eines Angreifers, gegen den ein Schutzmechanismus (zum Beispiel ein Verschlüsselungsverfahren) noch wirkt. Hierbei werden die folgenden Attribute betrachtet: Abb. 5.1

L. Schnieder, *Schutz Kritischer Infrastrukturen im Verkehr*, essentials, https://doi.org/10.1007/978-3-662-67267-9_5

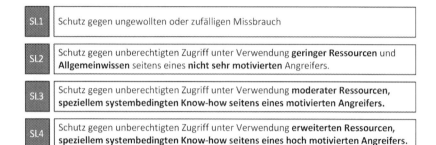

SL1	Schutz gegen ungewollten oder zufälligen Missbrauch
SL2	Schutz gegen unberechtigten Zugriff unter Verwendung **geringer Ressourcen** und **Allgemeinwissen** seitens eines **nicht sehr motivierten** Angreifers.
SL3	Schutz gegen unberechtigten Zugriff unter Verwendung **moderater Ressourcen, speziellem systembedingten Know-how seitens eines motivierten Angreifers.**
SL4	Schutz gegen unberechtigten Zugriff unter Verwendung **erweiterten Ressourcen, speziellem systembedingten Know-how seitens eines hoch motivierten Angreifers.**

Abb. 5.1 Definition von Security Leveln nach IEC 62443-3 (Eigene Darstellung)

- die Motivation des potenziellen Angreifers (die Zufälligkeit oder Absicht des Angriffes),
- die verfügbaren Ressourcen des potenziellen Angreifers (Rechenkapazität, finanzielle Mittel, Zeit),
- das für einen erfolgreichen Angriff erforderliche Wissen,
- sowie die Motivation des potenziellen Angreifers für die Attacke (Spieltrieb, Geld, Diebstahl, Vandalismus, Geltungsbedürfnis).

Zusätzlich zu den zuvor dargestellten Attributen zur Bewertung der Stärke eines Angreifers aus DIN EN IEC 62443-3-3 (dargestellt in Abb. 5.1) können nach DIN VDE V 0831-104 zusätzliche bahnspezifische Faktoren wie der Ort, die Nachweisbarkeit des Angriffs (eventuell auffindbare Spuren und Signaturen) sowie das potenzielle Schadensausmaß mit in die Bedrohungsanalyse einfließen. Ergebnis der Bedrohungsanalyse ist die Ableitung von Security Levels (SL). Die Security Level beschreiben den durch konkrete technische Maßnahmen anzustrebenden Schutzgrad. Je höher der Security Level gewählt wird, umso aufwendiger wird es für einen Angreifer, die korrespondierenden Schutzmaßnahmen zu überwinden.

5.2   Ableitung von Security-Anforderungen

Für die Ableitung von Security-Anforderungen stehen verschieden existierende Anforderungskataloge herangezogen werden, von denen nachfolgend exemplarisch das BSI-Grundschutz-Kompendium, bzw. die DIN EN IEC 62443 umrissen werden.

IT-Grundschutzkompendium des Bundesamtes für Sicherheit in der Informationstechnik (BSI)
Das IT-Grundschutz-Kompendium des Bundesamtes für Sicherheit in der Informationstechnik (BSI) werden standardisierte Sicherheitsanforderungen für typische Geschäftsprozesse, Anwendungen, IT-Systeme, Kommunikationsverbindungen und Räume in IT-Grundschutz-Bausteinen beschrieben. Hierbei wird in Prozessund Systembausteine unterschieden:

- *Prozessbausteine:* Beschreibung des Sicherheitsmanagementprozesses, Beschreibung organisatorischer und personeller Sicherheitsaspekte, Konzepte wie Kryptokonzepte und Datenschutz, Sicherheitsaspekte des operativen IT-Betriebs wie beispielsweise Schutz vor Schadprogrammen, Überprüfung der umgesetzten Sicherheitsmaßnahmen und zu guter Letzt die Detektion von Sicherheitsvorfällen sowie geeignete Reaktionen darauf.
- *Systembausteine:* Beispiele hierfür sind Sicherheitsaspekte industrieller informationstechnischer Systeme. Dies bezeichnet beispielsweise Bausteine zur Prozessleit- und Automatisierungstechnik, allgemeine leittechnische Systeme (Industrial Control Systems, ICS) und speicherprogrammierbare Steuerungen (SPS). Weitere Beispiele sind Netzverbindungen und die Kommunikation. Dazu gehören zum Beispiel die Bausteine Netzmanagement, Firewalls und Betrieb von drahtlosen Netzwerken (WLAN). Außerdem werden auch baulich-technische Gegebenheiten thematisiert wie beispielsweise Gebäude und Rechenzentren.

Ziel des IT-Grundschutzes ist es, einen angemessenen Schutz für alle Informationen einer Kritischen Verkehrsinfrastruktur zu erreichen. Die Methodik des IT-Grundschutzes zeichnet sich dabei durch einen ganzheitlichen Ansatz aus. Durch die geeignete Kombination von organisatorischen, personellen, infrastrukturellen und technischen Sicherheitsanforderungen wird ein Sicherheitsniveau erreicht, das für den jeweiligen Schutzbedarf angemessen und ausreichend ist, um relevante Informationen des Betreibers der Kritischen Verkehrsinfrastruktur zu schützen. Die Bausteine des IT-Grundschutz-Kompendiums bilden den Stand der Technik ab, basierend auf den Erkenntnissen zum Zeitpunkt der Veröffentlichung. Die dort formulierten Anforderungen beschreiben, was generell umzusetzen ist, um mit geeigneten Sicherheitsmaßnahmen den Stand der Technik zu erreichen. Anforderungen und Maßnahmen, die den Stand der Technik abbilden, entsprechen dem, was sich zum jeweiligen Zeitpunkt einerseits technisch fortschrittlich und andererseits in der Praxis als geeignet erwiesen hat.

Normenreihe DIN EN IEC 62443

Die Normenreihe DIN EN IEC 62443 stellt Anforderungen an den Angriffsschutz industrieller Steuerungssysteme (Industrial Automation and Control Systems, IACS). Hierbei hat der Teil 3 der Norm die Systemebene im Fokus. Auf dieser Ebene soll sichergestellt werden, dass zertifizierte Produkte aus Sicht des Angriffsschutzes korrekt in den Kontext des gesamten Systems integriert wurden. Der Teil 4 der Norm beschreibt den Entwicklungsprozess und die an die Komponenten gerichteten Anforderungen. Dieser Teil der Norm definiert sieben grundlegende Anforderungen (foundational requirements, FR), die erfüllt sein müssen, um eine gegen unberechtigte Angriffe Dritter geschützte Komponente, bzw. System zu entwerfen (Identifikation und Authentifizierung, Nutzungskontrolle, Systemintegrität, Vertraulichkeit der Daten, eingeschränkter Datenfluss, rechtzeitige Reaktion auf Ereignisse, Ressourcenverfügbarkeit).

5.3   Prüfung und Nachweis von Security-Anforderungen

Das Testen der Security wird zu verschiedenen Zeitpunkten und von unterschiedlichem Personal entlang des Entwicklungs-Lebenszyklus durchgeführt. Grundsätzlich sind Tests immer dann am wirksamsten, wenn sie von fachlich qualifizierten Personen durchgeführt werden. Diese müssen unabhängig von einem Entwicklungsteam sein und dürfen nicht bei Konzeption, Aufbau und Betrieb des zu testenden Systems mitgewirkt haben. Grundsätzlich müssen reproduzierbare Testverfahren angewendet werden, die bei jeder Systemänderung erneut eingesetzt werden können. Konkret gibt es verschiedene Testmethoden zum Nachweis der Security-Eigenschaften:

- *Anforderungsbasierte Tests* weisen nach, dass alle Anforderungen des SecurityLastenhefts erfüllt und korrekt umgesetzt werden.
- *Testen der Gegenmaßnahmen gegen Bedrohungen:* Testfälle werden aus Bedrohungsbäumen (attack trees) oder Bedrohungsmatrizen abgeleitet. Diese Tests stellen sicher, dass die Gegenmaßnahmen effizient gegen die betrachteten Bedrohungen sind.
- *Allgemeines Testen von Schwachstellen:* Diese Teststrategie fokussiert auf den Einsatz von Werkzeugen oder veröffentlichten Anleitungen, um potenzielle Schwachstellen zu entdecken.

- *Eindringungstests (Penetrationstest):* Penetrationstest stellen das Angriffspotenzial auf ein IT-Netz, ein einzelnes IT-System oder eine (Web-) Anwendung fest. Hierzu werden die Erfolgsaussichten eines vorsätzlichen Angriffs auf einen Informationsverbund oder ein einzelnes IT-System eingeschätzt und daraus notwendige ergänzende Sicherheitsmaßnahmen abgeleitet beziehungsweise die Wirksamkeit von bereits umgesetzten Sicherheitsmaßnahmen überprüft. Die konkrete Vorgehensweise ist von der erforderlichen Prüftiefe abhängig (Bundesamt für Sicherheit in der Informationstechnik 2016).

Wie zuvor dargestellt, ist eine umfassende Testabdeckung ein Kernelement des Security Engineerings. Eine sehr wirksame aber auch aufwendige Methode zur Erprobung der Wirksamkeit getroffener Schutzmaßnahmen sind Eindringungstests (Penetration Tests). Abb. 5.2 stellt den grundlegenden Ablauf von Security Tests dar. Die Testplanung ist Ausgangspunkt der Aktivitäten. Um die Zeit während eines IS-Penetrationstests so effektiv wie möglich zu nutzen, sollten einige fachliche Vorbereitungen getroffen werden (vgl. Abb. 5.3):

- *Festlegung des Prüfobjekts:* Der Betreiber der Kritischen Verkehrsinfrastruktur und der Prüfer müssen festlegen, welche Bereiche getestet werden. Hierbei sollten auf Basis der identifizierten Bedrohungslage und dem Schutz- bedarf der Geschäftsprozesse diejenigen IT-Systeme im Fokus stehen, die besonders bedroht oder geschäftskritisch sind. Außerdem sollte aus Angreifersicht geschaut werden, über welche Schnittstellen Angreifer eindringen könnten.

Abb. 5.2 Ablauf von Tests zum Nachweis einer ausreichenden Angriffssicherheit (Schnieder 2018)

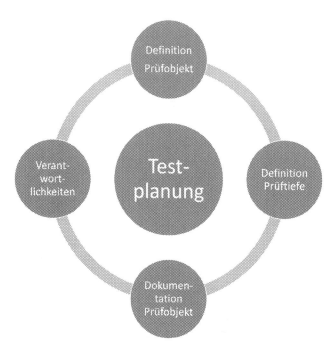

Abb. 5.3 Voraussetzungen für Eindringungstests (Schnieder 2018)

Übliche Prüfobjekte sind unter anderem Netzkoppelelemente (Router, Switches, Gateways), Sicherheitsgateways (Firewalls, Paketfilter, Intrusion Detection System, Virenscanner) oder aber Server (Datenbankserver, Webserver Fileserver, Speichersysteme). Es ist ratsam regelmäßig Wiederholungsprüfungen durchzuführen, da regelmäßig neue Schwachstellen und Angriffsmethoden bekannt werden.

- *Festlegung des Prüfumfangs:* Hierfür werden verschiedene Aspekte vereinbart. Die Prüftiefe legt fest, wie genau die Prüfung durchgeführt werden soll (technisches Sicherheitsaudit, nicht-invasiver Schwachstellenscan, invasiver Schwachstellenscan). Der Prüfort bezeichnet wo der Penetrationstest stattfindet. Gegebenenfalls kann die IT-Anwendung über das Internet getestet werden. Alternativ findet der Penetrationstest vor Ort beim Betreiber der Kritischen Verkehrsinfrastruktur statt. Prüfbedingungen müssen genau geplant werden. So muss beispielsweise für den Prüfer beim Betreiber der Kritischen Verkehrsinfrastruktur ein geeigneter Arbeitsplatz vorhanden sein. Bringt der

Prüfer einen eigenen Laptop als Prüfwerkzeug in das Netz ein, müssen hierfür die nötigen Freigaben geschaffen werden. Der Prüfzeitraum muss geplant werden. Vor jedem Penetrationstest ist ein zeitlicher Rahmen für die Durchführung festzulegen, damit der Betreiber der Kritischen Verkehrsinfrastruktur die Penetrationstests genau vorbereiten und planen kann und andererseits der Prüfer eine Vorgabe hat. Es ist ausreichend Einarbeitungszeit in die zu untersuchende Technik und auch Zeit für die Berichterstellung zu planen.

- *Dokumentation des Prüfobjekts:* Damit die Prüfer bei einem Whiteboxtest einen schnellen Überblick über die zu testenden Prüfobjekte erhalten, sind hierzu umfassende Dokumentationsbestände zu übergeben. Konkret sind dies Netzpläne, Beschreibungen des Prüfobjekts, Listen von Härtungsmaßnahmen der IT-Systeme sowie Beschreibungen der Kommunikationsverbindungen.
- *Verantwortlichkeiten:* Auf beiden Seiten müssen auch Verantwortlichen festgelegt werden. Für den Prüfzeitraum sollte immer vonseiten des Betreibers der Kritischen Verkehrsinfrastruktur mindestens ein Ansprechpartner für die Prüfer zur Verfügung stehen, der zu dem Prüfobjekt Auskunft geben kann.

In der Testvorbereitung werden die folgenden Aspekte betrachtet:

- *Einarbeitung der Prüfer: Ein* versierter Prüfer benötigt möglicherweise weniger Zeit, wenn er die Art der IT-Systeme vor Ort gut kennt. Für dem Prüfer unbekannte IT-Systeme wird meist mehr Zeit benötigt. Der Betreiber der Kritischen Verkehrsinfrastruktur muss den Prüfern für die Einarbeitung eine ausführliche Dokumentation zur Verfügung stellen.
- *Anfangsgespräch:* Am ersten Tag findet ein kurzes Begrüßungsgespräch mit dem Betreiber der Kritischen Verkehrsinfrastruktur und dem beteiligten technischen Personal statt. Das Prüfobjekt und die Prüfbedingungen werden abgesprochen, um sicherzustellen, dass alle Beteiligten die gleichen Vorstellungen vom Prüfobjekt und Umfang der Tests besitzen. Eventuelle Missverständnisse werden aufgeklärt.
- *Einrichten der Arbeitsumgebung:* Die Prüfer klären im Beisein der Ansprechpartner des Betreibers der Kritischen Verkehrsinfrastruktur ab, ob die besprochenen Voraussetzungen für den Test erfüllt sind. Anschließend testen die Prüfer, ob der Zugang zu den IT-Systemen wie abgesprochen möglich ist und stellen fest, ob die Ansprechpartner auskunftsfähig sind.

In den durchgeführten praktischen Prüfungen werden konzeptionelle Schwächen untersucht. Auch wird geprüft, ob die für das Projekt erforderlichen Härtungsmaßnahmen umgesetzt sind (zum Beispiel Betrachtung offener Ports,

Schnittstellen, Patchstände der eingesetzten Softwareversionen, Absicherung von Diensten). Anschließend wird das System auf bekannte Schwachstellen getestet. Hierbei wird in nicht-invasive Vorgehensweisen und invasive Vorgehensweisen unterschieden. Exakte Nachweise vorhandener Schwachstellen gelingen nur dann, wenn sie auch ausgenutzt werden. Hierzu werden bekannte Befehlsfolgen zur Ausnutzung bekannter Sicherheitslücken (Exploits) verwendet. Testnachbereitung und -dokumentation Nach Abschluss der Tests wird ein Abschlussgespräch zwischen den Prüfern und dem Betreiber der Kritischen Verkehrsinfrastruktur durchgeführt (Bundesamt für Sicherheit in der Informationstechnik 2016). Hierbei wird über den Verlauf und die Ergebnisse der praktischen Prüfung informiert. Bereits im Vorgespräch sollte festgelegt werden, welche Personen des Betreibers der Kritischen Verkehrsinfrastruktur anwesend sein werden, damit die Prüfer die Inhalte des Gesprächs entsprechend aufarbeiten können. Das letzte Arbeitspaket eines Penetrationstests ist die Erstellung eines schriftlichen Testberichts. Der Bericht wird wegen des möglicherweise brisanten Inhalts nur dem Prüfer und seiner Qualitätssicherung sowie einem ausgewählten Personenkreis des Betreibers der Kritischen Verkehrsinfrastruktur zur Verfügung gestellt. Je nach Kritikalität werden Vertraulichkeitskennzeichnungen des Dokumentes vorgenommen.

5.4   Zulassung

Allen verkehrsträgerspezifischen Gesetzen und Verordnungen ist gemein, dass sie auf einen sicheren und ordnungsgemäßen Betrieb zielen. Dies ergibt sich aus den verkehrsträgerspezifischen Generalklauseln wie beispielsweise § 4 AEG und § 2 EBO für Eisenbahnen, § 2 BOstrab für Straßenbahnen und § 2 BOKraft für den Betrieb von Kraftomnibussen. Diese Anforderungen sind in der Regel genau dann erfüllt, wenn die Anforderungen der jeweiligen verkehrsträgerspezifischen Regelungen erfüllt sind, etwaige Anordnungen der zuständigen Aufsichtsbehörde umgesetzt werden sowie die in den Gesetzen und Verordnungen dynamisch referenzierten, allgemein anerkannten Regeln der Technik erfüllt sind.

Zulassung
Als Zulassung bezeichnet man allgemein eine behördlich erteilte Erlaubnis, die ein Produkt für einen Markt zulässt. Die Zulassung erfolgt nach verkehrsträgerspezifischen Gesetzen oder Verordnungen. Diese Gesetze und Verordnungen beschreiben im Allgemeinen, dass Anforderungen der Sicherheit und Ordnung entsprochen werden muss. Diese sind in den allgemein anerkannten Regeln der Technik,

in nationalen Richtlinien oder Gesetzen beschrieben. Im Rahmen des Zulassungsverfahrens muss die Erfüllung dieser Anforderungen nachgewiesen werden. Die Nachweisführung der Sicherheit und der funktionalen Anforderungen erfolgt durch technische Beschreibungen, Prüfberichte, Gutachten, Sicherheitsnachweise und Sicherheitsanalysen. Bei Prüfungen zur Inbetriebnahme von Betriebsanlagen Kritischer Verkehrsinfrastrukturen werden entsprechende Nachweise (u. a. Zertifizierungen) von der Aufsichtsbehörde geprüft und der Betriebsanlage auf dieser Grundlage eine Inbetriebnahmegenehmigung erteilt. Konkret werden die folgenden Aspekte geprüft:

- Überprüfung der korrekten Durchführung einer Bedrohungsanalyse (Threat and Risk Analysis, TARA) und der vollständigen Ableitung eines Security Pflichtenheftes.
- Verifikation und Validierung der Security-Anforderungen durch geeignete Nachweisverfahren (beispielsweise über anforderungsbasiertes Testen hinaus die Durchführung von Eindringungstest, bzw. Penetration Tests)
- Überprüfung der korrekten und vollständigen Weiterleitung auf die Angriffssicherheit bezogener sicherheitsbezogener Anwendungsregeln der technischen Einrichtungen zur Berücksichtigung in betrieblichen Regelwerken und Betriebsanweisungen (Bedienung und Instandhaltung).

5.5 Betrieb

Der Schutz Kritischer Infrastrukturen endet nicht mit der Zulassung für den Betrieb, sondern bleibt eine kontinuierliche Aufgabe des Betreibers der Kritischen Verkehrsinfrastruktur. Dies kann exemplarisch am Patch Management verdeutlicht werden. Der Begriff Patch-Management bezeichnet die strategische Steuerung zum Einspielen von sogenannten Patches, mit denen erst nach der Markteinführung erkannte Sicherheitslücken in Software-Anwendungen geschlossen werden. Ein Patch (deutsch Flicken) stopft die Sicherheitslücke, behebt Programmfehler und verhindert so den Erfolg von Malware-Angriffen. Das übergreifende Patch-Management für Betreiber Kritischer Verkehrsinfrastrukturen ist damit eine essentielle IT-Dienstleistung. Auch die behördliche Aufsicht erstreckt sich nach der Zulassung auch auf die Phase des Betriebs einer Kritischen Verkehrsinfrastruktur.

Angriffsschutz durch tief gestaffelte Verteidigung

Tief gestaffelte Verteidigung (Defense in Depth) – dieses wichtige Konzept basiert auf der Erkenntnis, dass beim Schutz Kritischer Verkehrsinfrastrukturen gegen Cyberangriffe die Beteiligung aller Stakeholder erforderlich ist: Betreiber, Aufsichtsbehörde und Hersteller. Eine einzige Maßnahme ist im Allgemeinen nicht ausreichend, um einen angemessenen Schutz gegen unberechtigte Zugriffe Dritter zu erreichen. Vielmehr müssen mehrere, untereinander abgestimmte und koordinierte Maßnahmen umgesetzt werden, die jeweils als verschiedene Verteidigungslinien angesehen werden können. Diese ganzheitliche Schutzkonzeption kombiniert technische Maßnahmen (vgl. Abschn. 5.1), Maßnahmen des physischen Zugriffsschutzes (vgl. Abschn. 5.2) und organisationsbezogene Maßnahmen (vgl. Abschn. 5.3). Die einzelnen Maßnahmenpakete werden nachfolgend vorgestellt.

6.1 Maßnahmen zur Härtung informationstechnischer Systeme

Zur Realisierung des geforderten Schutzgrades enthalten die Normen (beispielsweise DIN EN IEC 62443-3-3) umfassende Kataloge möglicher Security-Fähigkeiten, die für das Produkt selbst herangezogen werden können. Konkret handelt es sich – wie in Abb. 6.1 dargestellt – um sieben grundlegende Anforderungen. Hierfür werden Systemanforderungen und Implementierungsempfehlungen vorgegeben. Abb. 6.1 stellt dar, wie zum Beispiel die grundlegende Anforderung „Zugriffskontrolle" in konkrete Systemanforderungen heruntergebrochen wird. Hierbei sind unter anderem menschliche Nutzer zu identifizieren und authentifizieren (beispielsweise über eine Multifaktor-Authentifizierung),

L. Schnieder, *Schutz Kritischer Infrastrukturen im Verkehr*, essentials, https://doi.org/10.1007/978-3-662-67267-9_6

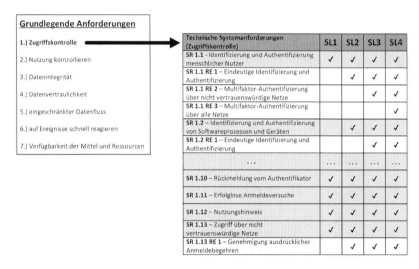

Abb. 6.1 Systemanforderungen in Abhängigkeit des erforderlichen Schutzgrades gemäß DIN EN IEC 62443-3-3 (Eigene Darstellung)

Softwareprozesse zu identifizieren und authentifizieren, Nutzerkonten zu verwalten, sowie Zertifikate und Passwörter geeignet zu erzwingen, bzw. zu verwalten. Diese auf die Umsetzung von Schutzmechanismen bezogenen Anforderungen werden in der Systementwicklung nachverfolgt und ihre Umsetzung im Rahmen der Eigenschaftsabsicherung (Verifikation/Validierung) nachgewiesen.

6.2   Maßnahmen des physischen Zugriffsschutzes

Der physische Angriffsschutz befasst sich mit Maßnahmen zur Vermeidung von Gefahren durch unmittelbare körperliche (physische) Einwirkung auf informationstechnische Systeme zur Verkehrssteuerung. Der Bereich des physischen Angriffsschutzes beginnt mit einfachen Mitteln wie verschlossene Rechnergehäuse und reicht bis zum Einschließen von Systemen in Rechenzentren der Betreiber Kritischer Verkehrsinfrastrukturen. Alle physischen Schutzmaßnahmen zielen auf eine Abschottung der Systeme vor Gefahrenquellen wie beispielsweise die mechanische Einwirkung von Personen, soswie das Ermöglichen des Einspielens von Schadsoftware durch physischen Zugang. Die Maßnahmen werden unterschieden in Ansätze der Prävention, Detektion und Intervention.

6.2.1 Maßnahmen der Protektion/Prävention

Der Schutzbedarf von Räumen in einem Gebäude hängt von ihrer Nutzung ab. Die erforderlichen Sicherheitsmaßnahmen müssen diesem Schutzbedarf angepasst sein. Entsprechend muss die bauliche Ausführung von Wänden, Fenstern und Türen sein und die ergänzende Ausstattung mit Sicherheits- und Überwachungstechnik. Bei der Planung eines neuen Gebäudes oder der Bewertung eines Bestandsgebäudes welches informationstechnische Systeme für die Steuerung Kritischer Verkehrsinfrastrukturen aufnehmen soll, sollten die Räume ähnlichen Schutzbedarfs in Zonen zusammengefasst werden (vgl. Abb. 6.2).

Zur physischen Sicherung eines Gebäudes und gegebenenfalls des umgebenden Grundstücks hat es sich bewährt, ein Sicherungskonzept mit tief gestaffelten Sicherheitsmaßnahmen (Zwiebelschalenprinzip) zu planen und umzusetzen. Bewährt ist eine Aufteilung in vier Sicherheitszonen, Außenbereich, kontrollierter Innenbereich, interner Bereich und Hochsicherheitsbereich (vgl. Abb. 6.2):

- *Sicherheitszone 0:* Der Außenbereich wird von der Grundstücksgrenze umfasst. Hier kann bereits die erste Zutritts- und Zufahrtskontrolle vorgenommen werden.
- *Sicherheitszone 1:* Der kontrollierte Innenbereich erhält eine angemessene Zutrittskontrolle (Pförtner oder Zutrittskontrollsystem). Nur Berechtigte erhalten Zutritt zu dieser Zone. Bei hohem Schutzbedarf sollte in dieser Zone bereits die Verpflichtung bestehen, stets sichtbar Ausweise zu tragen.

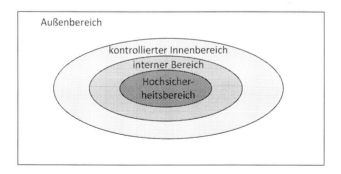

Abb. 6.2 Aufteilung in Sicherheitszonen (Eigene Darstellung)

- *Sicherheitszone 2:* Der interne Bereich ist nur für einen eingeschränkten Kreis von Berechtigten zu betreten. Hier gibt es definierte Zutrittsberechtigungen. Zuwege sind permanent zu überwachen und durch elektromechanische Sicherungseinrichtungen (Fluchtwegsicherungssysteme) gegen missbräuchliche Nutzung zu sichern.
- *Sicherheitszone 3:* Für den ist der Kreis der Zutrittsberechtigten sehr eingeschränkt. Die Sicherheitsmaßnahmen sind entsprechend hoch. Beispiel: Der Zutritt ist nur über eine Sicherheitsschleuse mit Zwei-Faktor-Authentisierung und Vereinzelung, der Austritt mit Ein-Faktor-Authentisierung und Vereinzelung möglich. Es erfolgt eine Bilanzierung des Zutritts, sobald keine Personen mehr als anwesend gemeldet sind, erfolgt die automatische Scharfschaltung der Einbruchmeldeanlage.

Über dieses „Zwiebelschalenprinzip" hinaus ist es auch wichtig, dass ein Raum, der teure Hardware und wichtige Daten beherbergt, auch einem Einbruchsversuch widersteht. Wie gut er das kann, gibt die Resistance Class (RC) an. Unterschieden wird nach den Fähigkeiten des Täters und seiner Ausstattung mit Hilfsmitteln. Die Bandbreite reicht von einem unerfahrenen Täter/Vandalismus ohne Werkzeug bis zu einem erfahrenen, sehr motivierten Täter, dem eine ganze Reihe leistungsfähiger Elektrowerkzeuge zur Verfügung stehen. Dazu gibt es jeweils Zeitvorgaben, in denen der Prüfung dem Angriff standhalten muss, um den Test zu bestehen.

6.2.2 Maßnahmen der Detektion

Für die Detektion etwaiger Eindringlinge werden Gefahrenmeldeanlagen vorgesehen. Eine Gefahrenmeldeanlage (GMA) besteht aus einer Vielzahl lokaler Melder, die mit einer Zentrale kommunizieren, über die auch der Alarm ausgelöst wird. Ist eine Gefahrenmeldeanlage beispielsweise für Einbruch vorhanden und lässt sich diese mit vertretbarem Aufwand entsprechend erweitern, sollten zumindest die Kernbereiche der IT (beispielsweise Serverräume, Datenträgerarchive, Räume für technische Infrastruktur) in die Überwachung durch diese Anlage mit eingebunden werden. So lassen sich Gefährdungen wie Einbruch oder Diebstahl frühzeitig erkennen und Gegenmaßnahmen einleiten. Um dies zu gewährleisten, ist die Weiterleitung der Meldungen an eine ständig besetzte Stelle (Pförtner, Wach-und Sicherheitsdienst, Feuerwehr) unumgänglich. Dabei muss sichergestellt sein, dass diese Stelle auch in der Lage ist, technisch und personell auf den Alarm zu reagieren. Es sollte vom Betreiber der Kritischen Verkehrsinfrastruktur ein Konzept für die Gefahrenerkennung, Weiterleitung und Alarmierung für die verschiedenen Gebäudebereiche (vgl. Abschnitt zuvor) erstellt werden. Durch eine Vielzahl unterschiedlicher Meldesysteme, die entsprechend der Sicherheitsanforderungen und der Umgebung ausgewählt werden müssen lassen sich Gefahren frühzeitig erkennen und Gegenmaßnahmen einleiten. Beispiele für Meldesysteme zur Einbruchserkennung sind unter anderem Bewegungsmelder, Glasbruchsensoren, Öffnungskontakte oder Videokameras.

6.2.3 Maßnahmen der Intervention

Um Sicherheitsvorfälle angemessen behandeln zu können, müssen Betreiber Kritischer Verkehrsinfrastrukturen geeignete Organisationsstrukturen etablieren. Je nach Art der Institution, aber auch des Sicherheitsvorfalls müssen unter Umständen andere Personengruppen aktiv werden. Um die richtigen Akteure zu identifizieren, empfiehlt es sich, den zeitlichen Ablauf eines imaginären Sicherheitsvorfalls im Vorfeld durchzugehen und zu überlegen, wer in den verschiedenen Phasen eines Sicherheitsvorfalls benötigt wird. Für die handelnden Personengruppen ist festzulegen, welche Aufgaben und Kompetenzen diese haben und auf welche Art sie verpflichtet bzw. unterrichtet werden. Beispielsweise sind Meldungen über sicherheitsrelevante Unregelmäßigkeiten, die mit den von ihnen betreuten IT-Systemen verbunden sind, entgegenzunehmen. Anschließend müssen sie entscheiden, ob sie diese Unregelmäßigkeit selbst beheben oder ob sie die nächst höhere Eskalationsebene unterrichten müssen. Hierbei muss klar definiert sein, ob es sich möglicherweise um ein Sicherheitsproblem handelt, dass sie eigenverantwortlich beheben können, ob sie sofort andere Personen hinzuziehen (entsprechend dem Eskalationsplan) und wen sie informieren. Im Eskalationsplan werden zwei Möglichkeiten differenziert:

- *Fachliche Eskalation:* Kann beispielsweise im First Level Support keine zutreffende Lösung entwickelt werden, wird das Thema an den Second Level Support eskaliert.
- *Hierarchische Eskalation:* Ist beispielsweise absehbar, dass vereinbarte Wiederherstellungszeiten nicht eingehalten werden können oder im Verlauf der Wiederherstellung Entscheidungen getroffen werden müssen, die außerhalb der Entscheidungskompetenz des Bearbeiters liegen, muss eine höhere Hierarchieebene im Unternehmen eingebunden werden.

Es empfiehlt sich, Verantwortungen und Eckpunkte einer Eskalationsstrategie (Eskalationswege und Art der Eskalation) vorab festzulegen und gegebenenfalls in einem Werkzeug (zum Beispiel in Form von Checklisten oder elektronischer hinterlegter Workflows) digital vorzuhalten. Für jede Art der Intervention sollten folgende Punkte berücksichtigt werden (UIC 2018):

- So bald wie möglich nach dem Erkennen eines Sicherheitsvorfalls sind Beweise zu sammeln.
- Durchführung einer forensischen Analyse der Informationssicherheit nach Bedarf sowie gegebenenfalls fachliche und/oder hierarchische Eskalation
- Sicherstellen, dass alle Reaktionen auf einen Sicherheitsvorfall für eine spätere Analyse ordnungsgemäß protokolliert werden
- Weitergabe des Vorfalls des Sicherheitsvorfalls oder relevanter Details an andere interne Personen und externe Organisationen, die dies wissen müssen.
- Umgang mit Schwachstellen in Bezug auf die Informationssicherheit, welche den Sicherheitsvorfall verursacht haben oder dazu beigetragen haben mit dem Ziel ihrer Behebung.
- Sobald der Sicherheitsvorfall erfolgreich behandelt wurde, wird er offiziell geschlossen und archiviert.

6.2.4 Maßnahmen der Postvention (Beweissicherung)

Wenn der Vorfall durch die Organisation der Informationssicherheit behandelt wurde bedeutet das nicht, einfach wieder zur Tagesordnung überzugehen. Die Organisation sollte den erkannten Vorfall unbedingt kritisch aufarbeiten um die gewonnenen Erkenntnisse mit Blick auf den Ablauf, Verbesserungspotenziale und Ergänzungen in der Notfallplanung vorzunehmen. Inhaltlich ist die Ursache des Vorfalls zu analysieren, die Notfallerkennung zu überprüfen und sowohl die interne wie externe Alarmierung auf den Prüfstand zu stellen. Hierbei sind aufgezeichnete Daten von Vorfällen zum Zwecke der Dokumentation oder Beweissicherung hilfreich. Weitere im Nachgang zu betrachtende Fragestellungen sind, wie die Zusammenarbeit mit externen Organisationen funktioniert hat, welche Auswirkungen der Vorfall in seiner Gesamtheit hat und welche Bewertungen am Ende gezogen werden. In den meisten Fällen hat die kritische Analyse eine Aktualisierung des Notfallplans zur Folge, welcher mindestens einmal im Jahr geprüft werden sollte.

6.3 Organisatorische Maßnahmen

Für die Gewährleistung eines sicheren und ordnungsgemäßen Betriebs werden seit langem hohe Anforderungen an die Betreiber Kritischer Verkehrsinfrastrukturen gestellt. So müssen beispielsweise Eisenbahnunternehmen (Eisenbahnverkehrsunternehmen, EVU und Eisenbahninfrastrukturunternehmen, EIU) ein Sicherheitsmanagementsystem umsetzen. Hierbei bezeichnet das Sicherheitsmanagementsystem die von einem Eisenbahnunternehmen eingerichtete Organisation und die von ihm getroffenen Vorkehrungen, welche die sichere Steuerung seiner Betriebsabläufe gewährleisten (Richtlinie 2004/49/EG). Mit der Sicherheitsbescheinigung weisen Eisenbahnverkehrsunternehmen nach, dass sie ein angemessenes Sicherheitsmanagementsystem eingeführt haben und in der Lage sind, die Sicherheitsnormen und -vorschriften einzuhalten (Verordnung EU Nr. 1158/2010). Jedes Eisenbahninfrastrukturunternehmen trägt die Verantwortung für die Sicherheit der Auslegung, der Instandhaltung und des Betriebs seines Schienennetzes. Die Sicherheitsgenehmigung dokumentiert in diesem Fall die Einhaltung der Sicherheitsnormen und -vorschriften (Verordnung EU Nr. 1169/2010).

In Bezug auf den Schutz Kritischer Verkehrsinfrastrukturen kann eine strukturelle Überdeckung der bestehenden Sicherheitsmanagementsysteme der Eisenbahnunternehmen mit den Merkmalen eines Information Security Management Systems (ISMS, englisch für „Management der Informationssicherheit") festgestellt werden. Um eine Doppelarbeit im Sinne des Aufbaus und der Pflege eines parallelen Managementsystems zu vermeiden können und sollten bestehende Managementsysteme daher sinnvoll ergänzt werden. Das Information Security Management System ist eine Aufstellung von Verfahren und Regeln innerhalb eines Unternehmens, welche dazu dienen, die Informationssicherheit dauerhaft zu definieren, zu steuern, zu kontrollieren, aufrechtzuerhalten und fortlaufend zu verbessern.

Information Security Management System
Der Teil des gesamten Managementsystems, der auf der Basis eines Geschäftsrisikoansatzes die Entwicklung, Implementierung, Durchführung, Überwachung, Überprüfung, Instandhaltung und Verbesserung der Informationssicherheit abdeckt (DIN EN ISO/IEC 27001). Die umfangreichen Regelungen des Managementsystems lassen sich prägnant in sieben Grundsätzen (vgl. Abb. 6.3) darstellen, die nachfolgend in den einzelnen Unterabschnitten beschrieben werden.

Abb. 6.3 Merkmale von Information Security Management Systemen, bzw. Safety Management Systemen der Betreiber. (Eigene Darstellung)

6.3.1 Risikobasierter Ansatz

Die Betreiber Kritischer Verkehrsinfrastrukturen ermitteln die auf die Cybersecurity bezogene Risiken ihres Betriebs (Kersten et al. 2008). Sie entwickeln Risikokontrollmaßnahmen, führen diese ein und überwachen die Wirksamkeit der von Ihnen eingeführten Risikokontrollmaßnahmen. Ausgangspunkt dieser Vorgehensweise ist eine Analyse von auf die Cybersecurity bezogenen Schwachstellen des Systems und eine hierauf aufbauende Analyse der aus den Bedrohungen resultierenden Risiken (CYRail 2018). Es gibt eine Vielzahl von Methoden zur Identifikation und Analyse von Bedrohungen und Risiken. In verschiedenen Ländern werden verschiedene Ansätze vorgeschlagen (in Deutschland beispielsweise eine Vornorm für Eisenbahnysteme DIN VDE V 0831-104). Verschiedene Cybersecurity Levels werden definiert entsprechend dem Vertrauen, das sie bieten, um Cybersicherheitslücken zu beseitigen oder deren Auswirkungen zu beseitigen. Jedes dieser Cybersecurity Levels wird nach DIN EN IEC 62443-3-3 einer Reihe von Maßnahmen und Technologien zugeordnet, die angewendet werden können, um das mit der Stufe verbundene Vertrauen zu erhalten.

Die Vorgehensweise erfolgt in mehreren aufeinander aufbauenden Schritten in einem iterativen Ansatz:

- Identifikation des zu betrachtenden Systems

- Aufteilung des Systems in Zonen und zwischen diesen bestehenden „Leitungswegen" (Conduits)
- Identifikation von Bedrohungen und Schwachstellen für jede Zone und jeden Leitungsweg
- Ermittlung von Auswirkungen und Ausmaß möglicher Bedrohungen
- Ermittlung der Wahrscheinlichkeit möglicher Auswirkungen ohne Schutzmaßnahmen
- Bestimmung des erforderlichen Schutzziels
- Identifikation und Bewertung bestehender Schutzmaßnahmen
- Neubewertung Wahrscheinlichkeit und Ausmaß auf Basis bestehender Schutzmaßnahmen

Berechnung des Restrisikos und gegebenenfalls Anwendung zusätzlicher Schutzmaßnahmen zur Reduktion des Risikos auf ein akzeptables Maß.

6.3.2 Prozessorientierter Ansatz

Der prozessorientierte Ansatz basiert auf dem Verständnis, dass die auf den Schutz gegen unberechtigte Zugriffe Dritter bezogenen Prozesse sorgfältig geplant und ausgeführt werden müssen. Hierbei müssen Verantwortlichkeiten und Verfahren für die Verwaltung und den Betrieb aller Informationsverarbeitungsanlagen festgelegt werden, um deren korrekten und sicheren Betrieb der sicherzustellen. Dies beinhaltet unter anderem die Entwicklung geeigneter Betriebsverfahren. Gegebenenfalls sollte eine Aufgabentrennung und Verteilung auf verschiedene verantwortliche Personen durchgeführt werden, um das Risiko eines fahrlässigen oder vorsätzlichen Systemmissbrauchs zu verringern. Betriebsverfahren müssen genau dokumentiert, ordnungsgemäß gewartet und allen Benutzern zur Verfügung gestellt werden, die sie benötigen. Dokumentierte Verfahren müssen für Systemaktivitäten vorbereitet werden, die mit Informationsverarbeitungs- und Kommunikationseinrichtungen verbunden sind (beispielsweise Verfahren zum Starten und Herunterfahren von Computern, Sicherung, Wartung von Geräten, Handhabung von Medien und Verwaltung von Serverräumen). Betriebsverfahren müssen als formelle Dokumente und Änderungen behandelt werden, die vom Management genehmigt und zum Gebrauch freigegeben wurden (UIC 2018).

6.3.3 Führung (Leadership)

Durch seine Führung und Entscheidungen (oder Maßnahmen) schafft das Management ein Umfeld, in dem alle Akteure (Mitarbeiter, Kunden, Lieferanten) daran mitwirken, die auf die Cybersecurity bezogenen Ziele der Organisation zu erreichen. Das Management muss nachweisen, dass es sich für die Einrichtung, die Umsetzung, den Betrieb, die Überwachung, die Überprüfung, die Wartung und die Verbesserung des Managementsystems für die Informationssicherheit einsetzt (UIC 2018). Dies umfasst die folgenden Aspekte:

- Genehmigung und Veröffentlichung einer Informationssicherheitsrichtlinie, die allen Mitarbeitern und relevanten externen Parteien mitgeteilt wird
- Sicherstellung, dass Ziele für die Informationssicherheit gesetzt werden. Ferner müssen Pläne festgelegt werden, wie diese Ziele erreicht werden sollen.
- Festlegung von Rollen und Verantwortlichkeiten für die Informationssicherheit
- Bereitstellung ausreichender Ressourcen zur Einrichtung, Implementierung, zum Betrieb, zur Überwachung, Überprüfung, Wartung und Verbesserung des Managementsystems für die Informationssicherheit
- Festlegung der Kriterien für die Übernahme von Risiken und des akzeptablen Risikoniveaus
- Sicherstellen, dass interne Audits des Managementsystems für die Informationssicherheit durchgeführt werden und hierbei festgestellte Abweichungen in den kontinuierlichen Verbesserungsprozess eingespeist werden.
- Etablieren von Verfahren für eine regelmäßige Überwachung der Aufgabenerfüllung durch die Führungskräfte. Führungskräfte müssen eingreifen, wenn die auf die Cybersecurity bezogenen Aufgaben nicht ordnungsgemäß ausgeführt werden.
- Durchführung einer Managementüberprüfung des Managementsystems für die Informationssicherheit (UIC 2018).

6.3.4 Änderungskontrolle

Änderungsbedarfe in Bezug auf die Cybersecurity sind intern oder extern veranlasst. Externe Veranlassung ist eine möglicherweise veränderte Bedrohungslage. Auch entwickelt sich der Stand der Technik kontinuierlich fort und erfordert eine Anpassung der Systemumgebung an die veränderten Vorgaben. Geänderte Anforderungen sind systematisch zu ermitteln, einschlägige Verfahren zu aktualisieren, ihre Erfüllung zu überwachen und bei erkannten Abweichungen Maßnahmen zu ergreifen. Intern veranlasst sind Änderungen an Informationsverarbeitungsanlagen und -systemen durch Ersatz oder Erneuerungsinvestitionen. Sämtliche Änderungen müssen kontrolliert werden. Eine unzureichende Kontrolle von Änderungen an Informationsverarbeitungseinrichtungen und –systemen ist eine häufige Ursache auf die Cybersecurity bezogener Schwachstellen und Bedrohungen. Insbesondere sollten folgende Punkte berücksichtigt werden:

- Identifizierung und Aufzeichnung wesentlicher Änderungen
- Planung von Änderungen, Bewertung ihrer potenziellen Auswirkungen auf die Cybersecurity sowie ein Durchlaufen eines abschließenden formellen Genehmigungsverfahrens
- Rückfallebene einschließlich Verfahren und Verantwortlichkeiten für Abbruch und Wiederherstellung des Vorzustandes bei erfolglosen Änderungen und unvorhergesehenen Ereignissen
- Bereitstellung eines Notfalländerungsprozesses, um eine schnelle und kontrollierte Implementierung von Änderungen zu ermöglichen, die zur Behebung eines Vorfalls erforderlich sind (UIC 2018).

6.3.5 Einsatz qualifizierten Personals

Sicherheitseinrichtungen und Verfahren nützen nichts, wenn durch das Personal Vorkehrungen der Cybersecurity (unbewusst oder bewusst) umgangen werden. Menschen spielen eine grundlegende Rolle in einer effektiven Cybersecuritystrategie. Häufig sind sie das schwächste Glied in der Cybersecurityabsicherung. Hierbei sind drei Aspekte zu beachten:

- *Vor Beginn eines Beschäftigungsverhältnisses:* Vor der Einstellung kann bei potenziellen Mitarbeitern eine Hintergrundprüfung durchgeführt werden (beispielsweise in Form eines polizeilichen Führungszeugnisses). Es muss gewährleistet werden, dass Mitarbeitende, Auftragnehmer und Drittbenutzer sich der Bedrohungen der Informationssicherheit, sowie ihrer hieraus erwachsenden eigenen Verantwortung bewusst sind. Alle genannten Personengruppen sollen in der Lage sein, die Sicherheitsrichtlinien der Organisation im Rahmen ihrer normalen Arbeit auszuführen und das Risiko menschlicher Fehler zu verringern.

- *Während des Beschäftigungsverhältnisses*: Das Personal muss ausreichend qualifiziert sein und für die Aspekte der Cybersecurity sensibilisiert werden. In Schulungen muss eine Bewusstseinsbildung zu Richtlinien und potenziellen Bedrohungen der Cybersecurity erfolgen. Darüber hinaus sollten Mitarbeitende mit besonderen Verantwortlichkeiten für die Cybersicherheit wie Führungskräfte, Systemadministratoren, Entwickler und mit der Störfallbehandlung (incident management) betraute Mitarbeitende speziell geschult werden (UIC 2018).
- *Beendigung des Beschäftigungsverhältnisses:* Mitarbeitenden, die das Unternehmen verlassen möchten, müssen die Zugriffsrechte entzogen werden. Der Zugang zu Informationen, die vom scheidenden Mitarbeitenden erstellt wurden, muss anderen autorisierten Mitarbeitenden rechtzeitig zur Verfügung gestellt werden.

6.3.6   Lenkung von Dokumenten und Aufzeichnungen

Innerhalb der Organisation des Betreibers einer Kritischen Verkehrsinfrastruktur muss ein ausreichender Informationsfluss sichergestellt werden. Die Richtlinien für die Informationssicherheit müssen definiert, vom Management genehmigt, veröffentlicht und den Mitarbeitern und relevanten externen Parteien (beispielsweise Lieferanten) mitgeteilt werden. Richtlinien müssen in einer Form kommuniziert werden, die für den beabsichtigten Leser relevant, zugänglich und verständlich ist. Vom ISMS geforderte Dokumente sind zu schützen und zu kontrollieren. Es sollte ein dokumentiertes Verfahren festgelegt werden:

- Dokumente müssen vor Freigabe auf Angemessenheit überprüft werden.
- Dokumente müssen nach Bedarf überprüft, aktualisiert und erneut freigegeben werden.
- Änderungen und der aktuelle Revisionsstatus von Dokumenten müssen identifiziert werden können.
- Relevante Versionen der anwendbaren Dokumente müssen an den Verwendungsorten verfügbar sind.
- Dokumente müssen lesbar und leicht identifizierbar bleiben.
- Dokumente müssen denjenigen zur Verfügung stehen, die sie benötigen, und gemäß den für ihre Klassifizierung geltenden Verfahren übertragen, gespeichert und letztendlich entsorgt werden.
- Dokumente externen Ursprungs müssen identifiziert werden.

- Die Verteilung der Dokumente muss kontrolliert werden.
- Die unbeabsichtigte Verwendung ungültiger Dokumente muss verhindert werden.
- Ungültige Dokumente müssen als solche gekennzeichnet werden, wenn sie für irgendeinen Zweck aufbewahrt werden sollen (UIC 2018).

6.3.7 Kontinuierliche Verbesserung (PDCA-Zyklus)

Wo dies vernünftig und praktikabel ist, ist das Managementsystem fortlaufend zu verbessern. Ansatzpunkte für die kontinuierliche Verbesserung ergeben sich aus der Auswertung von Daten, internen Audits sowie der strukturierten Analyse betrieblicher Vorkommnisse. Regelmäßige interne Audits müssen vorab geplant werden. Dieser Zeitplan kann abhängig von den Ergebnissen vorheriger Audits und der Leistungsüberwachung überarbeitet werden. Die Ergebnisse der Audits werden analysiert und evaluiert, Folgemaßnahmen empfohlen, die Wirksamkeit der Maßnahmen nachverfolgt und die durchgeführten Audits mit ihren Ergebnissen dokumentiert (DIN EN ISO 19011). Gleichzeitig unterliegen die Organisationen auch einer externen Überwachung durch die Behörden. Die Organisation sollte die Wirksamkeit des Managementsystems für die Informationssicherheit durch die Verwendung der Informationssicherheitsrichtlinie, der Informationssicherheitsziele, der Prüfungsergebnisse, der Analyse der überwachten Ereignisse, der Korrektur- und Vorbeugungsmaßnahmen und der Überprüfung durch das Management kontinuierlich verbessern. Die Organisation sollte regelmäßig Folgendes tun:

- Umsetzung der festgestellten Verbesserung im Managementsystem für die Informationssicherheit
- Ergreifen geeigneter Korrektur- und Vorbeugungsmaßnahmen
- Anwendung von Lehren aus eigenen Erfahrungen zur Cybersecurity sowie den Erfahrungen anderer Organisationen
- Maßnahmen und Verbesserungen müssen allen interessierten Parteien mit einem den Umständen angemessenen Detaillierungsgrad mitgeteilt werden.
- Sicherstellen, dass die Verbesserungen ihre beabsichtigten Ziele erreichen.

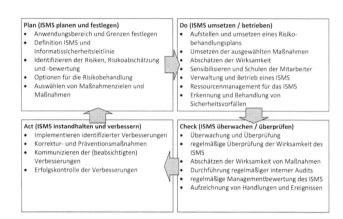

Abb. 6.4 PDCA-Zyklus zur kontinuierlichen Verbesserung eines ISMS in einer Organisation. (eigene Darstellung)

Der im Zuge der kontinuierlichen Verbesserung zu durchlaufende Zyklus ist auch unter der Bezeichnung PDCA-Modell bekannt. Die vier grundlegenden Aktivitäten dieses Modells sind „Plan – Do – Check – Act" (PDCA-Zyklus, vgl. Abb. 6.4). Sie bilden eine sich zyklisch wiederholende Abfolge von Tätigkeiten.

Schlussfolgerung und Ausblick 7

Security-Angriffe auf Verkehrssysteme können – gewollt oder ungewollt – zu negativen Auswirkungen auf die Betriebssicherheit (Safety) führen. Aus Sicht der Betriebssicherheit sind Maßnahmen zur Gewährleistung der Angriffssicherheit (Security) dann notwendig, wenn ein Risiko im Sinne der Betriebssicherheit aufgrund einer gezielten Manipulation so hoch ist, dass die Kritische Verkehrsinfrastruktur nicht mehr die erwartbare Betriebssicherheit bietet. Bei der Implementierung von Angriffs- und Betriebssicherheit sollten Synergien genutzt und Widersprüche vermieden werden. Dies wird durch die Synchronisation der Aktivitäten zwischen der Entwicklung funktional sicherer Systeme mit der Entwicklung angriffssicherer Systeme an den relevanten Schnittstellen im Lebenszyklus erreicht (Security Engineering). Gleichzeitig muss die Einhaltung der definierten Security-Eigenschaften nachgewiesen werden (Security Testing).

Da die Bedrohungen aus dem Internet einem stetigen Wandel unterliegen, ist das Security Management eine kontinuierliche Aufgabe des Betreibers einer Kritischen Verkehrsinfrastruktur. Nur so wird das erforderliche Schutzniveau erreicht und der sichere und ordnungsgemäße Betrieb aufrechterhalten. Insofern sind neben den technischen und physischen Schutzmaßnahmen auch organisatorische Vorkehrungen unerlässlich. Nur eine Organisation mit stabilen auf den Schutz der IT- und OT-Systeme bezogenen Prozessen wird in der Lage sein, die Integrität der IT-, bzw. OT-Systeme dauerhaft aufrecht zu erhalten.

Die Herausforderung wird zukünftig sein, den unbestimmten Rechtsbegriff der „angemessenen Maßnahmen" pragmatisch zu definieren. Getreu der Devise „so viel wie nötig, so wenig wie möglich" darf die Wettbewerbsfähigkeit insbesondere öffentlicher Verkehrssysteme im intermodalen Wettbewerb nicht durch überzogene Schutzmaßnahmen negativ beeinträchtigt werden. Gleichwohl darf

L. Schnieder, *Schutz Kritischer Infrastrukturen im Verkehr,* essentials, https://doi.org/10.1007/978-3-662-67267-9_7

ein leichtfertiger Umgang mit dem Schutzbedarf gegen mögliche Bedrohungen durch unberechtigten Zugriff Dritter nicht zu einer Kompromittierung der Betriebssicherheit führen.

Was Sie aus diesem essential mitnehmen können

- Wichtiges Grundwissen zum Schutz Kritischer Verkehrsinfrastrukturen.
- Kenntnisse zur Anwendung technischer, physischer und organisatorischer Schutzmaßnahmen zum Schutz Kritischer Verkehrsinfrastrukturen.

L. Schnieder, *Schutz Kritischer Infrastrukturen im Verkehr,* essentials,
https://doi.org/10.1007/978-3-662-67267-9

Literatur

Bundesamt für Sicherheit in der Informationstechnik. 2016. *Ein Praxisleitfaden für IS-Penetrationstests*. Bonn: BSI.

Bundesministerium der Justiz. 2012. *Handbuch der Rechtsförmlichkeit*. Bundesanzeiger Beilage Nr. 160a vom 22.10.2008.

CLC/FprTS 50701:2021–01: Bahnanwendungen – IT-Sicherheit CYRail recommendations on cybersecurity of rail signalling and communication systems (ISBN 978–2–7461–2747–0), September 2018.

Di Fabio, Udo. 1996. *Produktharmonisierung durch Normung und Selbstüberwachung*. Köln: Carl Heymanns.

DIN EN ISO 19011:2018-10: Leitfaden zur Auditierung von Managementsystemen (ISO 19011:2018); Deutsche und Englische Fassung EN ISO 19011:2018.

DIN EN ISO/IEC 27001:2017-06. Informationstechnik – Sicherheitsverfahren – Informationssicherheitsmanagementsysteme – Anforderungen (ISO/IEC 27001:2013 einschließlich Cor 1:2014 und Cor 2:2015).

DIN EN 50126-1:2018-10: Bahnanwendungen – Spezifikation und Nachweis von Zuverlässigkeit, Verfügbarkeit, Instandhaltbarkeit und Sicherheit (RAMS) – Teil 1: Generischer RAMS-Prozess; Deutsche Fassung EN 50126-1:2017.

DIN EN IEC 62443-3-3:2015-06. Industrielle Kommunikationsnetze – IT-Sicherheit für Netze und Systeme – Teil 3-3: Systemanforderungen zur IT-Sicherheit und Security-Level (IEC 62443-3-3:2013 + Cor.:2014).

DIN VDE V 0831-104:2015-10. Elektrische Bahn-Signalanlagen – Teil 104: Leitfaden für die IT-Sicherheit auf Grundlage IEC 62443.

DIN VDE V 0832-700:2021-09: Straßenverkehrs-Signalanlagen – Teil 700: Branchenspezifischer Sicherheitsstandard (B3S) für Verkehrssteuerungs- und Leitsysteme im kommunalen Straßenverkehr

Ehricht, Daniel, und Philip Smitka. 2017. Compliance der IT-Security in Eisenbahnverkehrsunternehmen. *Eisenbahningenieur* 67(7):21–23.

Ernsthaler, Jürgen., Kai Strübbe, und Leonie Bock. 2007. *Zertifizierung und Akkreditierung technischer Produkte – Ein Handlungsleitfaden für Unternehmen*. Berlin: Springer.

Gesetz zur Erhöhung informationstechnischer Systeme. (IT-Sicherheitsgesetz). 2015. (BGBl I S. 1324).

Heinrich, HerbertWilliam. 1931. *Industrial accident prevention: A scientific approach*. New York: New York.

© Der/die Herausgeber bzw. der/die Autor(en), exklusiv lizenziert an Springer-Verlag GmbH, DE, ein Teil von Springer Nature 2023
L. Schneider, *Schutz Kritischer Infrastrukturen im Verkehr*, essentials,
https://doi.org/10.1007/978-3-662-67267-9

Hoppe, Werner, Detlef Schmidt, Bernhard Busch, und Bernd Schieferdecker. 2002. *Sicherheitsverantwortung im Eisenbahnwesen.* Köln: Carl Heymanns.

ISO/SAE 21434:2021: Road vehicles — Cybersecurity engineering

Kersten, Heinrich, Jürgen. Reuter, und Klaus-Werner. Schröder. 2008. *IT-Sicherheitsmanagement nach ISO 27001 und Grundschutz – Der Weg zur Zertifizierung.* Wiesbaden: Vieweg.

Krimmling, Jürgen: Ampelsteuerung – Warum die grüne Welle nicht immer funktioniert. Springer (Berlin 2017)

Kühner, Holger, und David Seider. 2018. *Security Engineering, und für den Schienenverkehr.* In Eisenbahn Ingenieur Kompendium, 245–264. Hamburg: Eurailpress

Reason, James. 1990. *Human error.* Cambridge: Cambridge University Press.

Richtlinie 2004/49/EG des Europäischen Parlaments und des Rates vom 29. April 2004 über Eisenbahnsicherheit in der Gemeinschaft und zur Änderung der Richtlinie 95/18/EG des Rates über die Erteilung von Genehmigungen an Eisenbahnunternehmen und der Richtlinie.

2001/14/EG über die Zuweisung von Fahrwegkapazität der Eisenbahn, die Erhebung von Entgelten für die Nutzung von Eisenbahninfrastruktur und die Sicherheitsbescheinigung („Richtlinie über die Eisenbahnsicherheit"). Amtsblatt der Europäischen Union (L164) vom 30.04.2004.

Richtlinie (EU) 2016/1148 des Europäischen Parlaments und des Rates vom 6. Juli 2016 über Maßnahmen zur Gewährleistung eines hohen gemeinsamen Sicherheitsniveaus von Netz und Informationssystemen in der Union. Amtsblatt der Europäischen Union (L 194/1) vom 19.07.2016.

Röhl, Hans Christian. 2000. *Akkreditierung und Zertifizierung im Produktsicherheitsrecht.* Berlin: Springer.

SAE J 3061-2016 (SAE J3061-2016): Cybersecurity guidebook for cyber-physical vehicle systems

Sandrock, Michael, und Gerd Riegehuth, Hrsg. 2014. *Verkehrsmanagementzentralen in Kommunen. Eine vergleichende Darstellung.* Wiesbaden: Springer.

Schnieder, Lars. 2017a. Öffentliche Kontrolle der Qualitätssicherungskette für einen sicheren und interoperablen Schienenverkehr. *Eisenbahntechnische Rundschau* 66(3):38–41.

Schnieder, Lars. 2017b. Angriffs- und Betriebssicherheit im Bahnbetrieb – Umfassende Konzepte zum Schutz Kritischer Infrastruktur im Eisenbahnsektor. *Internationales Verkehrswesen* 69(4):58–62.

Schnieder, Lars. 2017c. Angriffssicherheit städtischer Verkehrsinfrastrukturen. *Transforming Cities* 3(4):61–65.

Schnieder, Lars. 2018. Schutz Kritischer Infrastrukturen im Nahverkehr. *Der Nahverkehr* 36(4):19–22.

Thomasch, Andreas. 2005. Die Europäischen Zulassungsprozesse für Eisenbahnfahrzeuge. *Eisenbahntechnische Rundschau* 54(12):789–803.

UIC: Guidelines for Cyber-Security in Railway. (ISBN 978-2-7461-2732-6), Juni 2018.

Verband Deutscher Verkehrsunternehmen (VDV): VDV-Schrift 440 – Branchenanforderungen an die IT-Sicherheit. VDV (Köln) 2019.

Verband Deutscher Verkehrsunternehmen (VDV): VDV-Mitteilung 4400 – Maßnahmenkatalog zur VDV-Schrift 440. Maßnahmen für personelle, organisatorische und bauliche/physische Sicherheit sowie branchenspezifische Technik. VDV (Köln) 2019.

Verordnung (EG) Nr. 765/2008 des Europäischen Parlaments und des Rates vom 9. Juli 2008 über die Vorschriften für die Akkreditierung und Marktüberwachung im Zusammenhang mit der Vermarktung von Produkten und zur Aufhebung der Ver- ordnung (EWG) Nr. 339/93 des Rates. Amtsblatt der Europäischen Union L 218/30 vom 13.08.2008.

Verordnung (EU) Nr. 1158/2010 der Kommission vom 9. Dezember 2010 über eine gemein-same Sicherheitsmethode für die Konformitätsbewertung in Bezug auf die Anforderun-gen an die Ausstellung von Eisenbahnsicherheitsbescheinigungen. Amtsblatt der Euro-päischen Union (L 326) vom 10.12.2010.

Verordnung (EU) Nr. 1169/2010 DerKommission vom10. Dezember 2010 über eine gemein-same Sicherheitsmethode für die Konformitätsbewertung in Bezug auf die Anforderun-gen an die Erteilung von Eisenbahnsicherheitsgenehmigungen. Amtsblatt der Europäi-schen Union (L 327) vom 11.12.2010.

Verordnung (EU) 2019/881 des Europäischen Parlament und des Rates vom 17. April 2019 über die ENISA (Agentur der Europäischen Union für Cybersicherheit) und über die Zer-tifizierung der Cybersicherheit von Informations- und Kommunikationstechnik und zur Aufhebung der Verordnung (EU) Nr. 526/2013 (Rechtsakt zur Cybersicherheit).

Verordnung zur Bestimmung Kritischer Infrastrukturen nach dem BSI-Gesetz (BSI-Kritisverordnung – BSI-KritisV). 2016. (BGBl. I S. 958). Zuletzt geändert durch Art. 1 V. v. 21.06.2017 (BGBl. I S. 1903).

Printed in the United States
by Baker & Taylor Publisher Services